职业教育改革创新系列教材

3D 打印创新设计实例项目教程

汪大木　魏　忠　刘连宇　周小帅　张瑞顺　编著

机械工业出版社

本书主要面向青少年，旨在培养他们的创新设计能力。本书按照学习领域中介绍的实例的模式进行创新设计介绍，每个学习领域中介绍的实例趣味性十足，容易上手，读者在学习的同时能够体会到创意变成现实的喜悦。全书共有十个学习领域，内容包括笔筒设计、手机支架设计、书包卡扣设计、合页设计、鲁班锁设计、衣夹设计、秦弓弩设计、投石车设计、发条小车设计、拼插飞机设计，每个学习领域都配备了典型操作视频，并以二维码的形式链接在书中，方便读者学习时参考。学习领域中介绍的实例由易到难、层层递进，由单件设计向装配件设计过渡，逐步培养读者图形绘制、装配和调试的能力。

本书可供高中、中职、初中学生学习参考，还可以作为职业院校的辅助教材。

本书配有相关教学视频和案例供读者学习，读者可在机械工业出版社教育服务网（www.cmpedu.com）上注册后免费下载。

图书在版编目（CIP）数据

3D打印创新设计实例项目教程/汪大木等编著. —北京：机械工业出版社，2020.5（2024.1重印）
职业教育改革创新系列教材
ISBN 978-7-111-64895-6

Ⅰ.①3… Ⅱ.①汪… Ⅲ.①立体印刷–印刷术–职业教育–教材
Ⅳ.①TS853

中国版本图书馆CIP数据核字（2020）第035953号

机械工业出版社（北京市百万庄大街22号　邮政编码100037）
策划编辑：齐志刚　　　　　责任编辑：王莉娜　齐志刚　戴　琳
责任校对：肖　琳　刘雅娜　封面设计：张　静
责任印制：邓　博
北京盛通数码印刷有限公司印刷
2024年1月第1版第8次印刷
184mm×260mm·11.75印张·268千字
标准书号：ISBN 978-7-111-64895-6
定价：35.00元

电话服务　　　　　　　　网络服务
客服电话：010-88361066　机　工　官　网：www.cmpbook.com
　　　　　010-88379833　机　工　官　博：weibo.com/cmp1952
　　　　　010-68326294　金　书　网：www.golden-book.com
封底无防伪标均为盗版　机工教育服务网：www.cmpedu.com

前　言

　　随着时代发展，"创客""STEM"等新概念进入学校，利用数字技术来改变传统教学模式在我国悄然兴起。3D打印技术的引入为改变传统教学提供了工具，通过3D打印可以实现所见即所得，可以将天马行空的想法变为现实。

　　本书从3D打印实际应用的要求出发，注重实践操作和创新能力的培养，参照"一带一路暨金砖国家技能发展与技术创新大赛"中"3D打印造型技术"赛项和"3D打印与应用设计"赛项的基本要求，以"培养创新、强化实践、通俗易懂、容易吸收"为原则编写，便于师生的教与学。

　　3D打印技术的运用，离不开与之相配合的简单易用的三维设计软件。本书选用广州中望龙腾软件股份有限公司开发的面向中小学教育的三维设计软件3D One，采用"自主探究"和"教师启发"相结合的混合型学习方法，以实例引领，基于工作过程系统化的理念进行编写。本书采用学习领域的模式编排，将3D打印的整个过程分为若干个典型工作环节，每个典型工作环节依据普适的"六步法"进行介绍，并在典型工作环节之后增加了拓展训练环节。在每个学习领域的总体评价环节，设置了任务反思栏目，旨在让学生结合具体学习内容反思方法论、实践论、质量观、环保观，促进学生综合素养的培养，达成课程思政。

　　全书共有十个学习领域，由易到难、层层递进，由单件设计向装配件设计过渡，逐步培养读者图形绘制、装配和调试的能力，并配有操作视频，以二维码的形式链接在书中，方便读者学习时参考。

　　本书由汪大木、魏忠、刘连宇、周小帅、张瑞顺编著，在本书撰写过程中，得到了闫智勇博士的热情帮助、指导和鼓励，在此表示由衷的感谢。

　　由于编著者水平和经验有限，书中难免存在不足之处，敬请广大读者指正。

编著者

二维码索引

目　录

笔筒设计

【学习目标】

1. 知识目标

（1）学习笔筒的设计思路。

（2）学会直线、矩形、圆和圆弧等草图命令的使用方法。

（3）学会拉伸和组合编辑命令的使用方法。

（4）学会用手工绘图表达设计创意。

（5）学会安全操作与劳动保护知识。

（6）学会产品造型与数字化设计方面的知识。

（7）学会常用制品材料的基础知识。

2. 能力目标

（1）能够将生活中常见的笔筒绘制为三维模型。

（2）能够熟练应用草图、拉伸、旋转、预制文字和组合编辑命令。

（3）能够掌握设计的基本过程。

（4）能够在软件中正确放置和处理模型。

（5）能够独立应用软件，根据已知条件绘制杯子等日常生活用品。

（6）能够熟练操作 3D 打印机。

（7）具有收集、分析产品资料的能力。

【学习性任务描述】

高中一年级（1）班的同学们计划在教师节当天送给每位老师一个笔筒（图 1-1），他们希望这个笔筒和市场上买到的不一样，你能够帮助他们完成笔筒设计吗？

图 1-1

【典型工作环节 1　设计分析】

1. 搜集资讯

（1）常见的设计笔筒的方式有哪些？

笔筒在日常生活中很常见，市场上有很多成熟的产品，其造型各异。如何设计出更有新意的笔筒，需要同学们依靠自己的想象力和经验，借助设计软件，将自己脑中构思的笔筒绘制成三维图形，利用3D打印机将三维图形变成实物模型。

（2）设计笔筒需要具备什么样的能力？

主要从学生应当具备的能力和掌握的知识来阐述。

（3）设计笔筒应当遵循的原则是什么？

主要从功能性、使用性等方面来阐述。

2. 制订计划

思考一下：你设计笔筒的思路和呈现方式是什么？

设计思路（主要为笔筒形状设计）	呈现方式（主要为颜色、材料的选择）

3. 做出决策

最终决策为采用蓝色ABS材料作为3D打印材料，笔筒样式设计为铅笔头部结构，即制作成正六棱柱形状。设计中直线应简洁大方，圆弧表现柔和，圆角过渡顺畅。

4. 付诸实施

根据相关决策要求，各位同学手绘出草图，确定笔筒的形状和尺寸。

5. 进行检查

根据计划和决策要求，确定检查内容、检查工具和方法，填写下表。

<table>
<tr><td colspan="6" align="center">检 查 记 录</td></tr>
<tr><td colspan="3">任务：</td><td colspan="3">名字：
号码：</td></tr>
<tr><td>序号</td><td>检查内容</td><td>检查方法/工具</td><td>标准</td><td>实际</td><td>得分</td></tr>
<tr><td>1</td><td></td><td></td><td></td><td></td><td></td></tr>
<tr><td>2</td><td></td><td></td><td></td><td></td><td></td></tr>
<tr><td>3</td><td></td><td></td><td></td><td></td><td></td></tr>
<tr><td>4</td><td></td><td></td><td></td><td></td><td></td></tr>
<tr><td>5</td><td></td><td></td><td></td><td></td><td></td></tr>
<tr><td>6</td><td></td><td></td><td></td><td></td><td></td></tr>
<tr><td>7</td><td></td><td></td><td></td><td></td><td></td></tr>
<tr><td>8</td><td></td><td></td><td></td><td></td><td></td></tr>
<tr><td>9</td><td></td><td></td><td></td><td></td><td></td></tr>
<tr><td>10</td><td></td><td></td><td></td><td></td><td></td></tr>
<tr><td colspan="3">每项检查内容 5 分</td><td colspan="2">总分</td><td></td></tr>
</table>

6. 评价绩效

完成情况（填写完成/未完成）	
根据决策要求评价自己的工作：	
下次此环节怎样可以做得更好？	
你从这个环节中学到了什么？	
工作环节成果展示——笔筒设计思路和草绘图样展示	

【典型工作环节 2 设计前准备】

1. 搜集资讯

（1）何为 3D 打印？

3D 打印（3DP）是快速成型技术的一种，是一种以数字模型文件为基础，运用粉末状金属或塑料等可黏合材料，通过逐层打印的方式来构造物体的技术。3D 打印通常是采用数字技术材料打印机来实现的，常在模具制造、工业设计等领域中用于制造模型，后逐渐用于一些产品的直接制造，已经有使用这种技术打印而成的零部件。该技术在珠宝、工业设计、建筑、工程和施工（AEC）、汽车，航空航天、医疗、教育、地理信息系统等领域都有所应用。

（2）3D 打印中常见的打印技术有哪些？

3D 打印包含许多不同的技术。它们的不同之处在于材料和粘接方式不同。3D 打印常用材料有尼龙、ABS 塑料、石膏、铝、钛合金、不锈钢、橡胶类材料等。最常见的 3D 打印技术是熔融沉积式（FDM）3D 打印技术，此类打印机也很常见。

2. 制订计划

根据笔筒设计方案来确定 3D 打印的成型方式、打印机的基本参数、3D 设计所需要的软件以及参数。

3. 做出决策

确定采用市面上常见的 FDM 3D 打印机，打印机成型体积为 255mm×205mm×205mm。主要参数如图 1-2 所示。

选择设计软件为 3D One Plus 2.2，并学会安装此软件。

4. 付诸实施

准备计算机一台（安装 3D One Plus 2.2 高教版软件）、FDM 3D 打印机一台、3D 打印 ABS 蓝色耗材若干。

	成型工艺	热熔挤压(MEM)
打印	成型尺寸	255mm×205mm×205mm(W×H×D)
	打印头	全新设计的单头，模块化易于更换
	层厚	0.1/0.15/0.20 /0.25 /0.30 /0.35 /0.40(mm)
	支撑结构	智慧支撑结构：自动生成，容易剥除(支撑范围可调)
	打印平台校准	全自动平台调平和喷嘴对高
	打印表面	可加热，多孔打印板或UP Flex贴膜板
	脱机打印	支持
	平均工作噪声	51.7dB
	高级功能	断电续打，丝材检测机制，空气过滤系统与LED呼吸指示灯
软件	配套软件	UP Studio
	兼容文件格式	STL与UP3
	连接方式	USB与WiFi
	操作系统	Windows 7,8, 10/Mac OS X/ iOS (iPhone, iPad)
供电	电源	AC110～240V，50～60Hz，180W
机身	丝材容量	0.5～1kg
	机身	封闭式，金属机身与塑料外壳的增强结合
	含包装重量	20kg
	包装尺寸	485mm×520mm×495mm

图 1-2

5. 进行检查

根据计划和决策要求，确定检查内容、检查工具或方法，填写下表。

检 查 记 录					
任务:			名字: 号码:		
序号	检查内容	检查方法/工具	标准	实际	得分
1					
2					
3					
4					
5					
6					
7					
8					
9					
10					
每项检查内容 5 分			总分:		

6. 评价绩效

完成情况（填写完成/未完成）	
根据决策要求评价自己的工作:	
下次工作怎样可以做得更好?	
你从任务中学到了什么?	
工作环节成果展示——打印机选用原则	

【典型工作环节 3 实施设计】

1. 搜集资讯

（1）3D One Plus 2.2 软件的基本情况。

3D One Plus 2.2 为国内首款青少年三维创意设计软件，贴合启发青少年的创新学习思维的需求，智能、简易的 3D 设计功能让创意轻松实现，还能一键输入 3D 打印机，内嵌社区的学习、教学相关资源，让青少年创客教育课程的开展更顺利。

（2）3D One Plus 2.2 软件的基本绘图指令和编辑指令。

绘图指令：直线、圆、椭圆、矩形、正多边形、圆弧、多边形、预制文字、通过点绘制曲线。

编辑指令：链状圆角、链状倒角、修剪与延伸、变异曲线。

（3）3D 打印机的基本操作。

3D 打印的设计过程是：先通过计算机建模软件建模，再将建成的三维模型"分区"成逐层的截面，即切片，从而指导打印机逐层打印。

2. 制订计划

制订将草绘图样通过三维软件绘制出来并利用 3D 打印机进行物理打印的计划，主要思路为熟悉软件中基本的绘图命令，根据手绘图样，利用软件中的绘图命令绘制出三维图形，导出 STL 文件，进行切片处理后导入 3D 打印机进行打印。

3. 做出决策

最终决策为首先熟悉 3D One Plus 2.2 版本软件的绘图方法，之后按照草绘图样绘制三维图形，最后进行打印。

4. 付诸实施

根据相关决策要求，首先熟悉软件操作命令，之后开始按照手绘图样进行三维图形绘制，主要思路为：将铅笔削尖，去掉尖头，进行挖空处理；设计铅笔形状的笔筒，其外形简洁、可爱。主要绘图过程如图 1-3 所示。

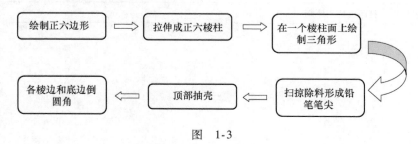

图 1-3

Step 1. 打开 3D One Plus 2. 2 软件,界面如图 1-4 所示。

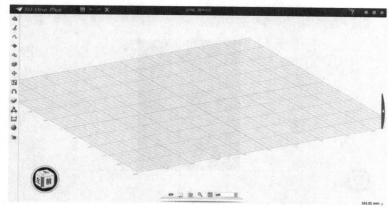

图　1-4

Step 2. 选择草图绘制中的正多边形命令,绘制如图 1-5 所示正六边形。

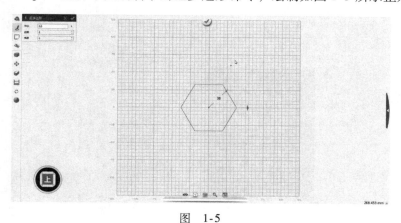

笔筒绘制演示

图　1-5

Step 3. 利用特征造型中的拉伸命令,拉伸正六边形草图,使之成为正六棱柱,如图 1-6 所示。

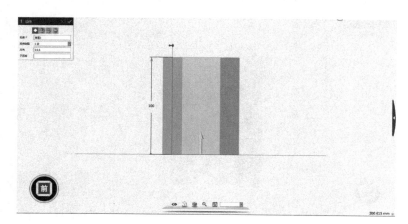

图　1-6

Step 4. 利用插入基准面命令，创建草图平面，如图1-7所示。

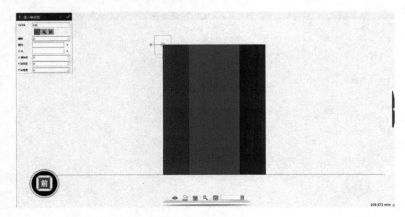

图 1-7

Step 5. 在新建的草图平面上，利用草图绘制中的 3D 正多边形命令绘制三角形，如图 1-8 所示。

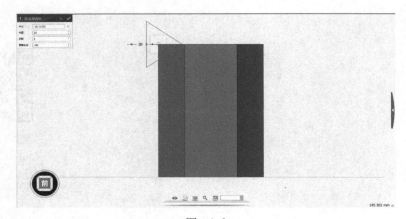

图 1-8

Step 6. 执行特征造型中的旋转命令，并与正六棱柱进行求差运算，如图 1-9 所示。

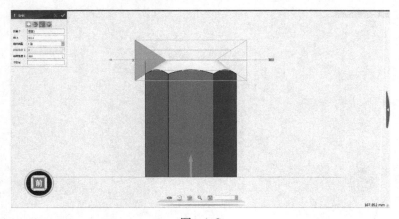

图 1-9

Step 7. 执行特殊造型中的抽壳命令，壁厚为 2mm，如图 1-10 所示。

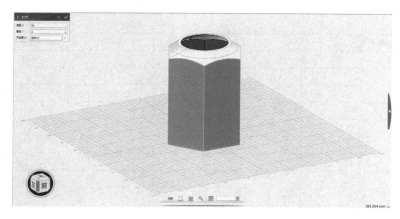

图 1-10

Step 8. 利用特征造型中的圆角命令，在各棱边和底边倒 R5mm 的圆角，如图 1-11 所示。

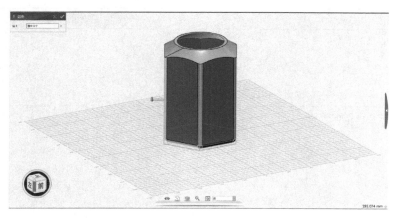

图 1-11

Step 9. 保存模型。选择保存命令，命名为"铅笔笔筒"。

Step 10. 导出模型。选择 3D One Plus→导出命令，导出为 STL 格式，命名为"铅笔笔筒"。

Step 11. 将 STL 格式的"铅笔笔筒"文件导入到 3D 打印机专用软件中，进行参数设置、切片处理，利用 3D 打印机将"铅笔笔筒"打印成物理实体，如图 1-12 所示。

5. 进行检查

根据计划和决策要求，确定检查内容、检查工具和方法，填写下表。

图 1-12

检 查 记 录					
任务：			名字： 号码：		
序号	检查内容	检查方法/工具	标准	实际	得分
1					
2					
3					
4					
5					
6					
7					
8					
9					
10					
每项检查内容 5 分				总分：	

6. 评价绩效

完成情况（填写完成/未完成）	
根据决策要求评价自己的工作：	
下次此环节怎样可以做得更好？	
你从这个环节中学到了什么？	
工作环节成果展示——3D 打印机操作	

【典型工作环节4 展示成果】

1. 搜集资讯

（1）搜集常见的展示方式。
（2）采用哪种展示方式能够更好地展示自己的学习成果？
（3）演讲技巧有哪些？
（4）如何进行自我评价？

2. 制订计划

确定展示成果的方式。

3. 做出决策

最终决策为采用演讲的方式进行展示，通过制作渲染图和设计过程视频资料进行展示，利用PPT多媒体形式进行辅助展示。

4. 付诸实施

根据相关决策要求，制作渲染图、设计过程视频资料和展示PPT。

5. 进行检查

根据计划和决策要求，确定检查内容、标准、工具和方法，填写下表。

检查记录					
任务：			名字： 号码：		
序号	检查内容	检查方法/工具	标准	实际	得分
1					
2					
3					
4					
5					
6					
7					
8					
9					
10					
每项检查内容5分				总分：	

6. 评价绩效

完成情况（填写完成/未完成）	
根据决策要求评价自己的工作：	
下次此环节怎样可以做得更好？	
你从这个环节中学到了什么？	
工作环节成果展示——笔筒设计过程展示	

7. 总体评价

评价项目	评价依据	优秀	良好	合格	继续努力
任务描述	清楚任务要求				
设计前期准备	任务所需软件、素材等				
任务实施过程及展示效果	设计思路清晰				
	熟练运用直线、多边形、拉伸、扫掠等命令				
	团队精神和合作意识				
	任务完成和展示效果				
任务反思					
综合评价					

【拓展训练】

　　为了表示对老师的感激之情，请在笔筒设计图上加入你想对老师说的话，比如"老师您辛苦了"等。

(1) 在绘制完毕的笔筒模型上选择一个侧面作为草图平面。

(2) 利用草图绘制中的预制文字命令，输入你想对老师说的话。

(3) 利用特征造型中的拉伸命令，拉伸文字，拉伸长度为 8.8mm。

(4) 保存文件并导出为 STL 格式。

(5) 3D 打印成型。

同学们，赶紧尝试一下吧！

手机支架设计

【学习目标】

1. 知识目标

（1）学习手机支架的设计思路和绘制过程。

（2）学会直线、矩形、圆和圆弧等草图命令的使用方法。

（3）学会拉伸和组合编辑命令的使用方法。

（4）学会用手工绘图表达设计创意。

（5）学会安全操作与劳动保护知识。

（6）学会美术基础知识。

（7）学会 3D One 等软件的基本知识和常用命令的使用方法。

（8）学会常用制品材料的基础知识。

（9）学会公差与配合的相关知识。

2. 能力目标

（1）能够将生活中常见的手机支架绘制为三维模型。

（2）能够熟练应用草图、拉伸、装配和组合编辑命令。

（3）能够掌握手机支架设计的基本过程。

（4）能够进行简单组件的装配。

（5）具有在设计定位基础上，用手工绘图表达设计创意的能力。

【学习性任务描述】

随着手机的普及，越来越多的人离不开手机。人们在用手机看视频时，非常需要一个支撑结构，解放双手，你能够完成图 2-1 所示手机支架的设计吗？

图 2-1

【典型工作环节1 设计分析】

1. 搜集资讯

（1）手机支架设计的常见方式是什么？

手机支架在日常生活中应用广泛，市场上有很多成熟的产品，同学们可以上网搜集相关图片。如何设计出别出心裁的手机支架，需要同学们发挥想象力，并借助设计软件，将自己脑中构思的手机支架绘制成三维图形，再利用3D打印机将三维图形变成物理模型。

（2）设计手机支架需要具备什么样的能力？

主要从学生应当具备的能力和掌握的知识来阐述。

（3）设计手机支架应当遵循的原则是什么？

主要从功能性、实用性等方面来阐述。

2. 制订计划

思考一下：你设计手机支架的思路和呈现方式有哪些？

设计思路（主要为手机支架形状设计）	呈现方式（主要为颜色、材料的选择）

3. 做出决策

最终决策为采用黄色ABS材料作为3D打印材料，形象设计成各种卡通造型，如狗、兔子、猫、哆啦A梦、HelloKitty等造型，配合支撑结构，构成卡通造型手机支架。这里选择卡通猫作为设计造型，设计的线条应当圆润，突出卡通动物呆萌有趣的特点，支撑角度应当符合用户的使用习惯。

4. 付诸实施

根据相关决策要求，各位同学手绘出草图，确定手机支架的大致形状、尺寸以及装配角度。

5. 进行检查

根据计划和决策要求，确定检查内容、检查工具和方法，填写下表。

检 查 记 录					
任务：			名字： 号码：		
序号	检查内容	检查方法/工具	标准	实际	得分
1					
2					
3					
4					
5					
6					
7					
8					
9					
10					
每项检查内容 5 分				总分：	

6. 评价绩效

完成情况（填写完成/未完成）	
根据决策要求评价自己的工作：	
下次此环节怎样可以做得更好？	
你从这个环节中学到了什么？	
工作环节成果展示——手机支架设计思路和草绘图样展示	

【典型工作环节 2　设计前准备】

1. 搜集资讯

（1）3D 打印的限制性因素有哪些？
比如机器限制、知识产权、道德的挑战。
（2）3D 打印机常见的机械结构有哪些？
比如三角洲式、龙门式等。
（3）主流的 3D 建模软件有哪些？
UG、Creo、CATIA、3ds Max 等。

2. 制订计划

根据手机支架设计方案来确定 3D 打印的成型方式、打印机的基本参数、3D 设计所需要的软件以及参数选择。

3. 做出决策

确定采用市面上常见的 FDM 3D 打印机，打印机成型体积为 255mm×205mm×205mm。选择设计软件为 3D One Plus 2.2，并学会安装此软件。

4. 付诸实施

准备计算机一台（安装 3D One Plus 2.2 高教版软件）、FDM 式 3D 打印机一台、3D 打印 ABS 黄色耗材若干。

5. 进行检查

根据计划和决策要求，确定检查内容、检查工具或方法，填写下表。

检 查 记 录					
任务：			名字： 号码：		
序号	检查内容	检查方法/工具	标准	实际	得分
1					
2					
3					
4					
5					
6					
7					
8					
9					
10					
每项检查内容 5 分			总分：		

6. 评价绩效

完成情况（填写完成/未完成）	
根据决策要求评价自己的工作：	
下次工作怎样可以做得更好？	
你从这个环节中学到了什么？	
工作环节成果展示——主流3D建模软件介绍	

【典型工作环节3 实施设计】

1. 搜集资讯

（1）3D One Plus 2.2软件中特征造型命令有哪些？

（2）3D One Plus 2.2软件的特殊功能有哪些？

（3）3D One Plus 2.2软件中特征造型命令的操作方法是什么？

2. 制订计划

制订将草绘图样通过三维软件绘制出来并利用3D打印机进行物理打印的计划，主要思路为选择软件中的绘图命令，根据手绘图样绘制出三维图形，导出 STL 文件，进行切片处理后导入 3D 打印机进行打印。

3. 做出决策

最终决策为首先熟悉 3D One Plus 2.2 版本软件中特征造型和特殊功能命令的用法，然后按照草绘图样绘制三维图形，导出 STL 文件，最后进行 3D 打印。

4. 付诸实施

根据相关决策要求，首先选择绘图命令，之后开始按照手绘图样进行三维图形绘制，主要绘图过程如图 2-2 所示。

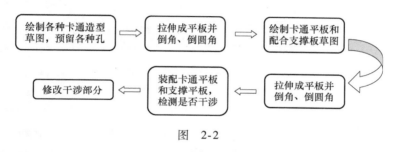

图　2-2

（1）绘制卡通平板。

Step 1. 打开 3D One Plus 2.2 软件，界面如图 2-3 所示。

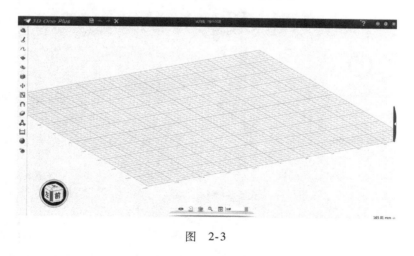

图　2-3

Step 2. 选择草图绘制中的直线、矩形、圆、圆弧命令，绘制如图 2-4 所示的草图（同学们也可以自己设计图形）。

Step 3. 利用特征造型中的拉伸命令，拉伸图 2-4 中的草图，拉伸 6mm，使之成为平板，如图 2-5 所示。

Step 4. 利用特征造型中的圆角命令，倒 R6mm 圆角，如图 2-6 所示。

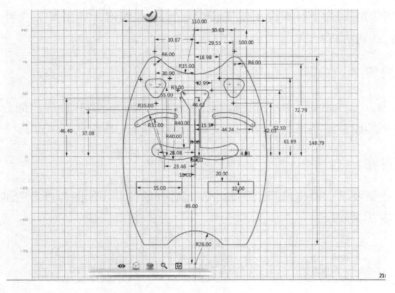

图 2-4

图 2-5

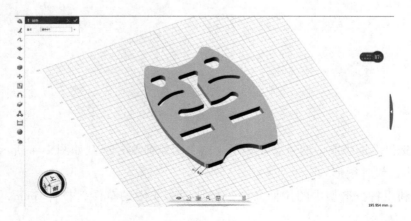

图 2-6

Step 5. 利用特征造型中的圆角命令，倒 *R*1mm 圆角，如图 2-7 所示。

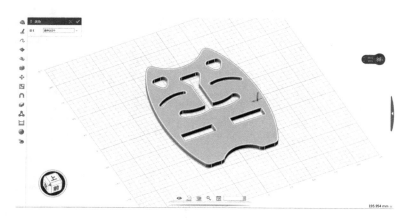

图　2-7

Step 6. 选择保存命令保存模型，命名为"卡通手机支架 1"。

（2）绘制支撑平板。

Step 1. 选择草图绘制中的直线、矩形命令，绘制如图 2-8 所示的草图。

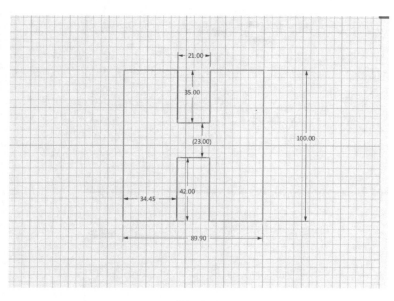

手机支架
绘制演示

图　2-8

Step 2. 利用特征造型中的拉伸命令，拉伸图 2-8 中的草图，拉伸 9.9mm，如图 2-9 所示。

Step 3. 利用特征造型中的圆角命令，倒 *R*1.5mm 圆角，如图 2-10 所示。

Step 4. 选择保存命令保存模型，命名为"卡通手机支架 2"。

（3）装配及打印。

Step 1. 打开 3D One Plus 2.2 软件，进入新建装配模式，如图 2-11 所示。

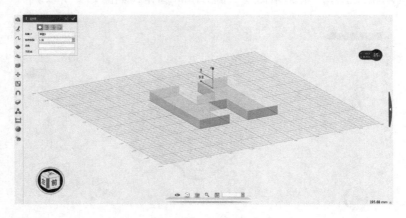

图 2-9

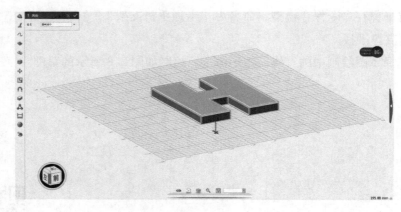

图 2-10

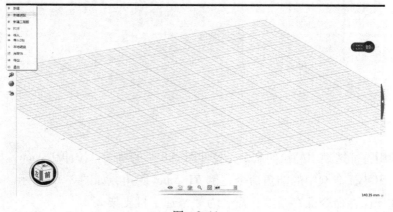

图 2-11

Step 2. 导入"卡通手机支架 1"和"卡通手机支架 2"文件，利用对齐命令，将二者装配在一起，并进行装配干涉检查，如图 2-12 所示。

Step 3. 导出模型，选择 3D One Plus→导出命令，导出为 STL 格式，命名为"卡通手机支架"。

Step 4. 将 STL 格式的"卡通手机支架"文件导入到 3D 打印机专用软件中，进行参数设置、切片处理，利用 3D 打印机将其打印成物理实体，如图 2-13 所示。

图 2-12

图 2-13

5. 进行检查

根据计划和决策要求，确定检查内容、检查工具和方法，填写下表。

检 查 记 录					
任务：			名字： 号码：		
序号	检查内容	检查方法/工具	标准	实际	得分
1					
2					
3					
4					
5					
6					
7					
8					
9					
10					
每项检查内容 5 分				总分：	

6. 评价绩效

完成情况（填写完成/未完成）	
根据决策要求评价自己的工作：	
下次此环节怎样可以做得更好？	
你从这个环节中学到了什么？	
工作环节成果展示——软件中手机支架的装配过程展示	

【典型工作环节 4　进行装配】

1. 搜集资讯

（1）搜集软件中与装配相关的命令，了解软件中装配过程的基本思路和过程。

（2）3D 打印件如何进行支撑剥离？实物装配中应注意哪些事项？

2. 制订计划

制订软件中装配的顺序和实物装配的顺序。

3. 做出决策

最终决策为以手机支架 1 为第一装配件，其他部件与其进行装配，在装配过程中应保证配合位置之间的间隙和倾斜角度。

4. 付诸实施

根据相关决策要求，同学们自行装配。

5. 进行检查

根据计划和决策要求，确定检查内容、标准、工具和方法，填写下表。

检 查 记 录					
任务：			名字： 号码：		
序号	检查内容	检查方法/工具	标准	实际	得分
1					
2					
3					
4					
5					
6					
7					
8					
9					
10					
每项检查内容 5 分				总分：	

6. 评价绩效

完成情况（填写完成/未完成）	
根据决策要求评价自己的工作：	
下次此环节怎样可以做得更好？	
你从这个环节中学到了什么？	
工作环节成果展示——三种常见装配关系（间隙、过渡、过盈）讲解	

【典型工作环节5 展示成果】

1. 搜集资讯

（1）如何在展示中突出重点？

（2）如何在展示开始时吸引听众的注意？

（3）如何组织展示内容？

（4）如何进行自我评估？

2. 制订计划

确定展示成果的方式。

3. 做出决策

最终决策为采用演讲的方式进行展示，通过制作渲染图和设计过程视频资料进行展示，利用PPT多媒体形式进行辅助展示。

4. 付诸实施

根据相关决策要求，制作渲染图、设计过程视频资料和展示PPT。

5. 进行检查

根据计划和决策要求，确定检查内容、标准、工具和方法，填写下表。

检 查 记 录					
任务：			名字： 号码：		
序号	检查内容	检查方法/工具	标准	实际	得分
1					
2					
3					
4					
5					
6					
7					
8					
9					
10					
每项检查内容5分				总分：	

6. 评价绩效

完成情况（填写完成/未完成）	
根据决策要求评价自己的工作：	
下次此环节怎样可以做得更好？	
你从这个环节中学到了什么？	
工作环节成果展示——手机支架设计过程展示	

7. 总体评价

评价项目	评价依据	优秀	良好	合格	继续努力
任务描述	清楚任务要求				
设计前期准备	任务所需软件、素材等				
任务实施过程及展示效果	设计思路清晰				
	熟练运用拉伸、草图、装配等命令				
	团队精神和合作意识				
	任务完成及展示效果				
任务反思					
综合评价					

【拓展训练】

　　单一角度的手机支架已经很难满足人们多样化的需求了，你能设计一款可以调节角度的手机支架吗？

同学们，赶紧尝试一下吧！

书包卡扣设计

【学习目标】

1. 知识目标

（1）学习书包卡扣的设计思路。

（2）学会直线、矩形、圆和圆弧等草图命令的使用方法。

（3）学会拉伸和组合编辑命令的使用方法。

（4）学会常用制品材料的基础知识。

（5）学会安全操作与劳动保护知识。

2. 能力目标

（1）能够将生活中常见的书包卡扣绘制为三维模型。

（2）能够熟练应用草图、拉伸、旋转和组合编辑命令。

（3）能够掌握书包卡扣设计的基本过程。

（4）具有运用 3D One Plus 软件对有配合精度要求的组合件模型进行造型的能力。

（5）具有将数字模型的不同格式进行相互转换的能力。

（6）具有对模型进行基本的后处理的能力。

【学习性任务描述】

小明书包上的卡扣不小心折断了，他很着急，想更换一个新的书包卡扣。作为小明的好朋友，你能够帮助他设计一个图 3-1 所示的书包卡扣吗？

图 3-1

【典型工作环节 1 设计分析】

1. 搜集资讯

（1）书包卡扣的设计思路是什么？

卡扣在日常生活中应用广泛，同学们可以仿照市场上成熟的产品自己设计，需要控制好书包卡扣的规格，保证书包带不会掉落。设计过程中，需要掌握三维设计软件的设计思路，借助设计软件，将书包卡扣绘制成三维图形，利用 3D 打印机将三维图形变成物理模型。

（2）设计书包卡扣需要具备什么样的能力？

主要从学生应当具备的能力和掌握的知识来阐述。

（3）设计书包卡扣应当遵循的原则是什么？

主要从功能性、实用性等方面来阐述。

2. 制订计划

思考一下：你设计书包卡扣的思路和呈现方式是什么？

设计思路（主要为书包卡扣形状和配合方式设计）	呈现方式（主要为颜色、材料的选择）

3. 做出决策

最终决策为采用红色 ABS 材料作为 3D 打印材料，根据常见的书包卡扣形状进行创新设计，注意连接方式中配合部分的弹性，要求以实用性为主，设计线条应当圆润，符合用户的使用习惯，连接部分弹性良好。

4. 付诸实施

根据相关决策要求，各位同学手绘出草图，确定书包卡扣的大致形状、尺寸以及装配方式。

5. 进行检查

根据计划和决策要求，确定检查内容、检查工具和方法，填写下表。

检 查 记 录

任务：			名字：号码：		
序号	检查内容	检查方法/工具	标准	实际	得分
1					
2					
3					
4					
5					
6					
7					
8					
9					
10					
每项检查内容 5 分				总分：	

6. 评价绩效

完成情况（填写完成/未完成）	
根据决策要求评价自己的工作：	
下次此环节怎样可以做得更好？	
你从这个环节中学到了什么？	
工作环节成果展示——书包卡扣的设计思路和草绘图样展示	

【典型工作环节 2　设计前准备】

1. 搜集资讯

（1）3D 打印技术有哪些优点？

（2）3D 打印技术的应用领域有哪些？

（3）光固化成型（SLA）的原理是什么？

2. 制订计划

根据书包卡扣设计方案来确定 3D 打印的成型方式、打印机的基本参数、3D 设计所需要的软件以及参数选择。

3. 做出决策

确定采用市面上常见的 FDM 3D 打印机，打印机成型体积为 255mm×205mm×205mm。选择设计软件为 3D One Plus 2.2，并学会安装此软件。

4. 付诸实施

准备计算机一台（安装 3D One Plus 2.2 高教版软件）、FDM 式 3D 打印机一台、3D 打印 ABS 红色耗材若干。

5. 进行检查

根据计划和决策要求，确定检查内容、检查工具或方法，填写下表。

检 查 记 录					
任务：			名字： 号码：		
序号	检查内容	检查方法/工具	标准	实际	得分
1					
2					
3					
4					
5					
6					
7					
8					
9					
10					
每项检查内容 5 分				总分：	

6. 评价绩效

完成情况（填写完成/未完成）	
根据决策要求评价自己的工作：	
下次工作怎样可以做得更好？	
你从这个环节中学到了什么？	
工作环节成果展示——光固化成型原理展示	

【典型工作环节 3　实施设计】

1. 搜集资讯

（1）3D One Plus 2.2 软件中拉伸、扫掠命令的用法。

（2）3D One Plus 2.2 软件草图绘制中矩形、圆、正多边形命令的用法。

（3）3D One Plus 2.2 软件草图编辑中倒角和倒圆角命令的操作方法。

2. 制订计划

制订将草绘图样通过三维软件绘制出来并利用3D打印机进行物理打印的计划，主要思路为选择软件中的绘图命令，根据手绘图样内容绘制出三维图形，导出 STL 文件，进行切片处理后导入 3D 打印机进行打印。

3. 做出决策

最终决策为首先将草图中的特征结构进行划分，确定绘图命令，然后按照草绘图样进行三维图形绘制，导出 STL 文件，最后进行 3D 打印。

4. 付诸实施

根据相关决策进行三维绘制，主要绘图过程如图 3-2 所示。

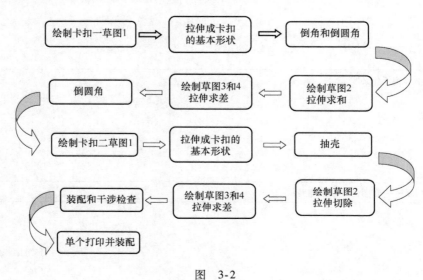

图　3-2

（1）绘制卡扣一。

Step 1. 打开 3D One Plus 2.2 软件，界面如图 3-3 所示。

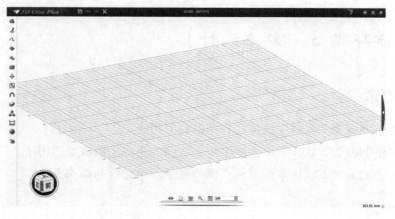

图　3-3

Step 2. 选择草图绘制中的直线、矩形、偏移曲线、圆角命令，绘制如图 3-4 所示的草图。

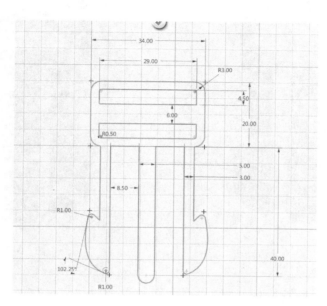

图　3-4

Step 3. 利用特征造型中的拉伸命令，拉伸草图，如图 3-5 所示。

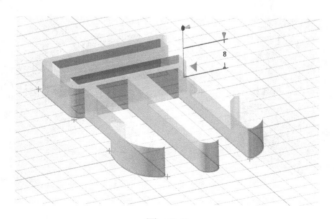

图　3-5

Step 4. 利用特征造型中的倒角命令，创建倒角，如图 3-6 所示。

Step 5. 利用特征造型中的倒角命令，在另外一边上创建倒角，如图 3-7 所示。

Step 6. 利用特征造型中的圆角命令，选择两条边倒圆角 *R*1mm，如图 3-8 所示。

Step 7. 利用草图绘制中的直线命令，在卡扣中心建立平面、绘制草图，如图 3-9 所示。

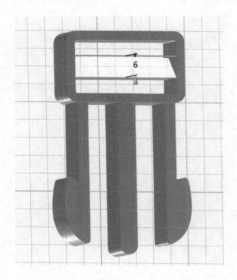

图　3-6

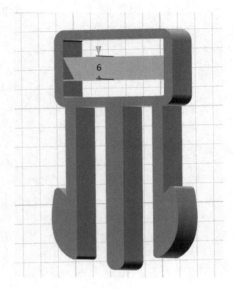

图　3-7

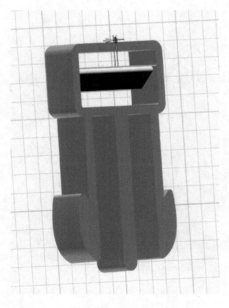

图　3-8

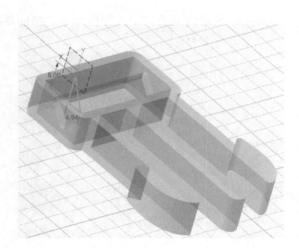

图　3-9

Step 8. 利用特征造型中的拉伸命令，拉伸草图并进行求和运算，如图 3-10 所示。

Step 9. 利用草图绘制中的直线、圆弧命令，在卡扣中心建立平面、绘制草图，如图 3-11 所示。

Step 10. 利用特征造型中的拉伸命令，拉伸草图并进行求差切除，如图 3-12 所示。

Step 11. 利用特征造型中的圆角命令，将棱边倒圆角 R0.5mm，如图 3-13 所示。

Step 12. 选择保存命令保存模型，命名为"卡扣一"。

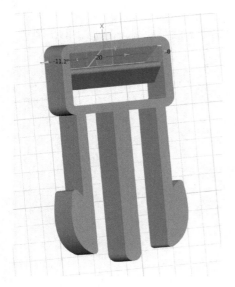

图 3-10

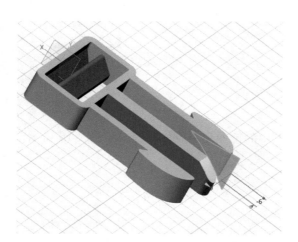

图 3-11

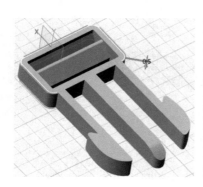
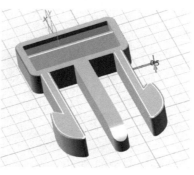

图 3-13

（2）绘制卡扣二。

Step 1. 选择草图绘制中的直线、矩形、偏移曲线、圆角命令，绘制如图 3-14 所示的草图。

书包卡扣
绘制演示

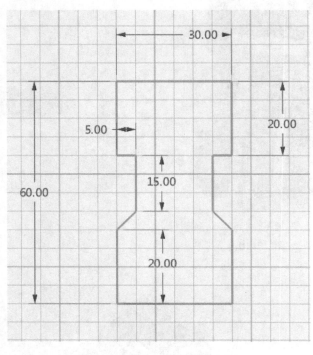

图　3-14

Step 2. 利用特征造型中的拉伸命令拉伸草图，如图 3-15 所示。

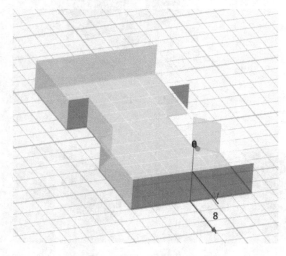

图　3-15

Step 3. 利用特殊造型中的抽壳命令，向外抽壳 2mm，如图 3-16 所示。

Step 4. 利用草图绘制中的矩形命令，绘制草图，如图 3-17 所示。

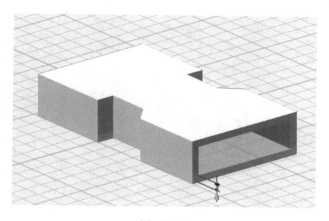

图   3-16

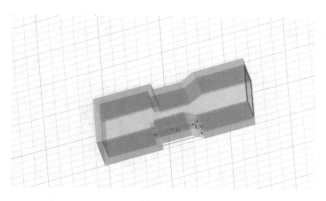

图   3-17

Step 5. 执行特征造型中的拉伸命令并进行求差切除，如图 3-18 所示。

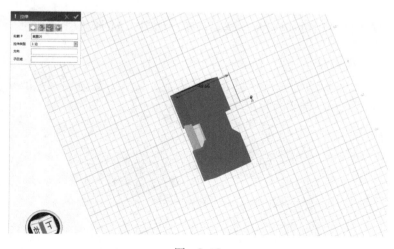

图   3-18

Step 6. 利用草图绘制中的矩形命令绘制草图，如图 3-19 所示。

Step 7. 执行特征造型中的拉伸命令并进行求差切除，如图 3-20 所示。

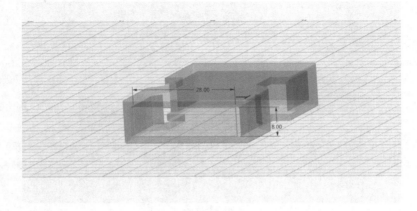

图 3-19

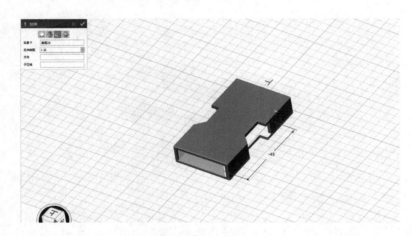

图 3-20

Step 8. 利用草图绘制中的矩形命令绘制草图，如图 3-21 所示。

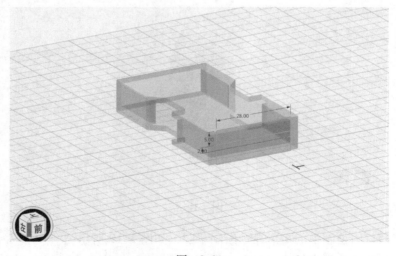

图 3-21

Step 9. 执行特征造型中的拉伸命令并进行求差切除，如图 3-22 所示。

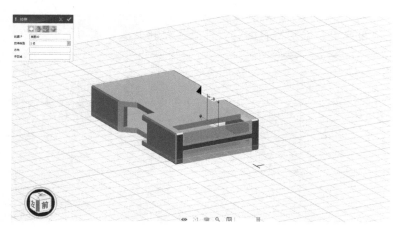

图　3-22

Step 10. 选择保存命令保存模型，命名为"卡扣二"。

（3）装配并打印。

Step 1. 打开 3D One Plus 2.2 软件，进入新建装配模式，导入"卡扣一"和"卡扣二"文件，利用对齐命令，将卡扣一和卡扣二装配在一起，并进行装配干涉检查，如图 3-23 所示。

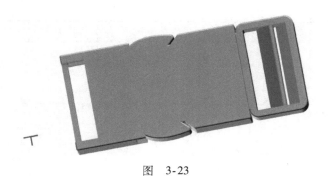

图　3-23

Step 2. 导出模型，选择 3D One Plus→导出命令，将模型文件导出为 STL 格式，命名为"卡扣一"和"卡扣二"。

Step 3. 将 STL 格式的"卡扣一"和"卡扣二"文件导入到 3D 打印机专用软件中，进行参数设置、切片处理，利用 3D 打印机将书包卡扣打印成物理实体，如图 3-24 所示。

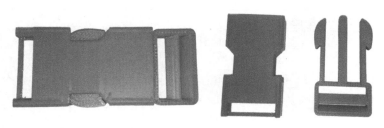

图　3-24

5. 进行检查

根据计划和决策要求，确定检查内容、检查工具和方法，填写下表。

检 查 记 录					
任务：			名字： 号码：		
序号	检查内容	检查方法/工具	标准	实际	得分
1					
2					
3					
4					
5					
6					
7					
8					
9					
10					
每项检查内容 5 分				总分：	

6. 评价绩效

完成情况（填写完成/未完成）	
根据决策要求评价自己的工作：	
下次此环节怎样可以做得更好？	
你从这个环节中学到了什么？	
工作环节成果展示——软件中书包卡扣建模展示	

【典型工作环节 4　进行装配】

1. 搜集资讯

（1）搜集软件中装配相关的命令，了解各命令的用法。

（2）3D 打印件进行支撑剥离以及后处理的方式。

2. 制订计划

制订软件中装配的顺序和实物装配顺序。

3. 做出决策

最终决策为以书包卡扣一为第一装配件，其他部件与其进行装配，在装配过程中应保证配合的间隙和弹性。

4. 付诸实施

根据相关决策要求，同学们自行装配。

5. 进行检查

根据计划和决策要求，确定检查内容、标准、工具和方法，填写下表。

检 查 记 录					
任务：			名字： 号码：		
序号	检查内容	检查方法/工具	标准	实际	得分
1					
2					
3					
4					
5					
6					
7					
8					
9					
10					
每项检查内容 5 分				总分：	

6. 评价绩效

完成情况（填写完成/未完成）	
根据决策要求评价自己的工作：	
下次此环节怎样可以做得更好？	
你从这个环节中学到了什么？	
工作环节成果展示——3D打印后处理的方式（物理、化学等）	

【典型工作环节 5　展示成果】

1. 搜集资讯

（1）如何展示自己的设计过程？

（2）如何展示整个操作过程？

（3）如何组织展示内容？

（4）如何进行自我评估？

2. 制订计划

确定展示成果的方式。

3. 做出决策

最终决策为采用演讲的方式进行展示，通过制作渲染图和设计过程视频资料进行展示，利用PPT多媒体形式进行辅助展示。

4. 付诸实施

根据相关决策要求，制作渲染图、设计过程视频资料和展示 PPT。

5. 进行检查

根据计划和决策要求，确定检查内容、标准、工具和方法，填写下表。

检 查 记 录					
任务：			名字： 号码：		
序号	检查内容	检查方法/工具	标准	实际	得分
1					
2					
3					
4					
5					
6					
7					
8					
9					
10					
每项检查内容 5 分				总分：	

6. 评价绩效

完成情况（填写完成/未完成）	
根据决策要求评价自己的工作：	
下次此环节怎样可以做得更好？	
你从这个环节中学到了什么？	
工作环节成果展示——书包卡扣设计过程展示	

7. 总体评价

评价项目	评价依据	优秀	良好	合格	继续努力
任务描述	清楚任务要求				
设计前期准备	任务所需软件、素材等				
任务实施过程及展示效果	设计思路清晰				
	熟练运用直线、矩形、拉伸等命令				
	团队精神和合作意识				
	任务完成及展示效果				
任务反思					
综合评价					

【拓展训练】

小张衣服上的按扣不小心丢失了，他很着急，想换一个新的按扣，作为他的好朋友，你能够帮助他设计一个按扣吗？

同学们，赶紧尝试一下吧！

合页设计

【学习目标】

1. 知识目标

（1）学习合页的设计思路。

（2）学会直线、矩形、圆和圆弧等草图命令的使用方法。

（3）学会拉伸、分割和组合编辑命令的使用方法。

（4）学会安全操作与劳动保护知识。

（5）学会三维建模数字化设计与制造的相关知识。

2. 能力目标

（1）能够将生活中常见的合页绘制为三维模型。

（2）能够熟练应用拉伸和组合编辑命令。

（3）能够掌握合页设计的基本过程。

（4）具有运用 3D One Plus 软件对有配合精度要求的组合件模型进行造型的能力。

（5）具有将数字模型的不同格式进行相互转换的能力。

（6）具有对模型进行基本的后处理的能力。

（7）具有应用 3D One Plus 软件将组合体拆分为零部件的能力。

【学习性任务描述】

合页，专业名称为铰链，常为两折式，是连接物体两个部分并能使之活动的部件。普通合页用于窗、门等，你能够根据图 4-1 所示的合页结构把它设计出来吗？

图 4-1

【典型工作环节 1 设计分析】

1. 搜集资讯

（1）合页的设计思路是什么？

合页在日常生活中应用广泛，同学们可以仿照市场上的成熟产品进行设计，需要控制好合页中间轴和孔之间的配合关系（过渡配合），借助设计软件将合页绘制成三维图形，利用3D打印机将三维图形变成物理模型。

（2）设计合页需要具备什么样的能力？

主要从学生应当具备的能力和掌握的知识来阐述。

（3）设计合页应当遵循的原则是什么？

主要从功能性、实用性等方面来阐述。

2. 制订计划

思考一下：你设计合页的思路和呈现方式是什么？

设计思路（主要为合页形状和配合方式设计）	呈现方式（主要为颜色、材料的选择）

3. 做出决策

最终决策为采用红色 ABS 材料作为 3D 打印材料，根据生活中常见的合页形状进行创新设计，要求以实用性为主，连接部分应当为过渡配合，合页应运动顺畅，大小合适。

4. 付诸实施

根据相关决策要求，各位同学手绘出草图，确定合页的大致形状、尺寸以及装配方式。

5. 进行检查

根据计划和决策要求，确定检查内容、检查工具和方法，填写下表。

检查记录					
任务：			名字： 号码：		
序号	检查内容	检查方法/工具	标准	实际	得分
1					
2					
3					
4					
5					
6					
7					
8					
9					
10					
每项检查内容 5 分				总分：	

6. 评价绩效

完成情况（填写完成/未完成）	
根据决策要求评价自己的工作：	
下次此环节怎样可以做得更好？	
你从这个环节中学到了什么？	
工作环节成果展示——合页设计思路和草绘图样展示	

【典型工作环节2 设计前准备】

1. 搜集资讯

（1）3D 建模的主要步骤是什么？

（2）3D One Plus 软件如何安装？

（3）选择性激光烧结（SLS）的原理是什么？

2. 制订计划

根据合页设计方案来确定 3D 打印的成型方式、打印机的基本参数、3D 设计所需要的软件以及参数选择。

3. 做出决策

确定采用市面上常见的 FDM 式 3D 打印机，打印机成型体积为 255mm × 205mm × 205mm。选择设计软件为 3D One Plus 2.2，并学会安装此软件。

4. 付诸实施

准备计算机一台（安装 3D One Plus 2.2 高教版软件）、FDM 式 3D 打印机一台、3D 打印 ABS 红色耗材若干。

5. 进行检查

根据计划和决策要求，确定检查内容、检查工具或方法，填写下表。

检 查 记 录					
任务：			名字： 号码：		
序号	检查内容	检查方法/工具	标准	实际	得分
1					
2					
3					
4					
5					
6					
7					
8					
9					
10					
每项检查内容 5 分				总分：	

6. 评价绩效

完成情况（填写完成/未完成）	
根据决策要求评价自己的工作：	
下次工作怎样可以做得更好？	
你从这个环节中学到了什么？	
工作环节成果展示——选择性激光烧结（SLS）原理讲解展示	

【典型工作环节 3　实施设计】

1. 搜集资讯

（1）3D One Plus 2.2 软件中组合编辑命令的用法。

（2）3D One Plus 2.2 软件基础实体中六面体、球和圆柱体命令的用法。

（3）3D One Plus 2.2 软件特殊功能中实体分割命令的操作方法。

2. 制订计划

制订将手绘图样通过三维软件绘制出来并利用 3D 打印机进行物理打印的计划，主要思路为选择软件中的绘图命令，根据手绘图样内容绘制出三维图形，导出 STL 文件，进行切片处理后导入3D打印机进行打印。

3. 做出决策

最终决策为首先将手绘图样中各特征结构进行划分，确定绘图命令，然后按照草绘图样进行三维绘制，导出 STL 文件，最后进行 3D 打印。

4. 付诸实施

根据相关决策进行三维图形绘制，主要绘图过程如图 4-2 所示。

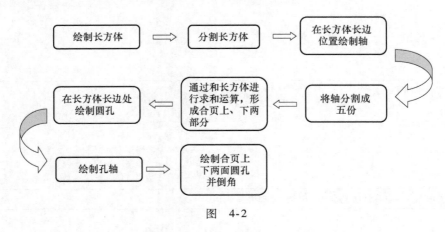

图 4-2

Step 1. 打开 3D One Plus 2.2 软件，界面如图 4-3 所示。

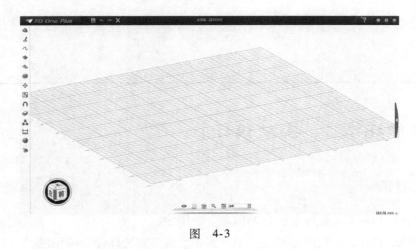

图 4-3

Step 2. 选择基本体命令中的六面体命令，绘制如图 4-4 所示的图形。

Step 3. 利用草图绘制功能中的直线命令，在图 4-5 所示位置绘制直线。

Step 4. 利用特殊功能中的实体分割命令，以直线为边界分割实体，如图 4-6 所示。

Step 5. 利用草图绘制功能中的圆命令绘制圆，如图 4-7 所示。

Step 6. 利用特征造型中的拉伸命令，将圆拉伸为圆柱体，如图 4-8 所示。

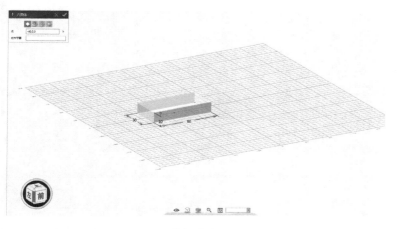

合页绘制演示

图　4-4

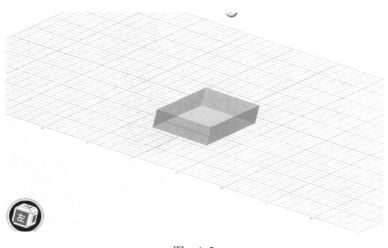

图　4-5

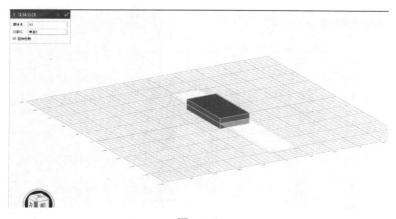

图　4-6

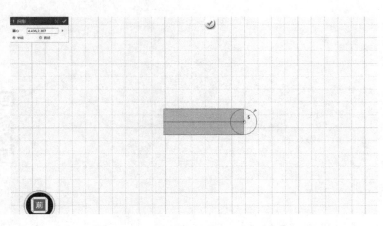

图　4-7

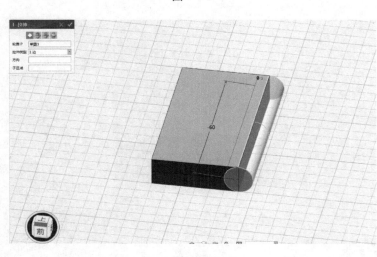

图　4-8

Step 7. 利用草图绘制中的直线命令和草图编辑中的偏移曲线命令，绘制直线段，如图 4-9 所示。

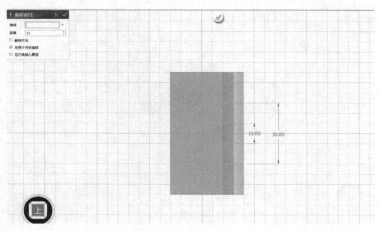

图　4-9

Step 8. 利用特殊功能中的实体分割命令，以直线为边界分割圆柱，如图4-10所示。

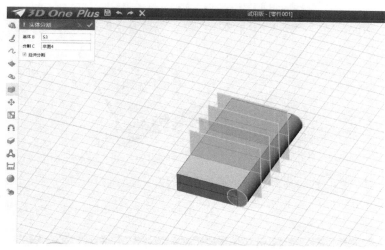

图 4-10

Step 9. 利用草图绘制功能中的圆命令绘制圆，如图4-11所示。

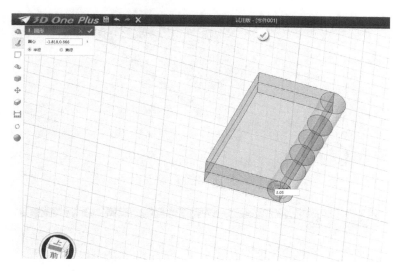

图 4-11

Step 10. 利用特征造型中的拉伸命令，将圆拉伸为圆柱体，并进行求差切除，如图4-12所示。

Step 11. 利用组合编辑命令中的求和运算，形成合页的上半部分，如图4-13所示。

Step 12. 利用组合编辑命令中的求和运算，形成合页的下半部分，如图4-14所示。

Step 13. 利用草图绘制功能中的圆命令绘制圆，如图4-15所示。

Step 14. 利用特征造型中的拉伸命令，将圆拉伸成圆柱体，并进行求差切除，如图4-16所示。

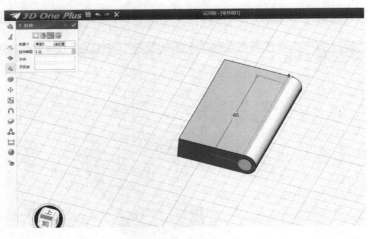

图 4-12

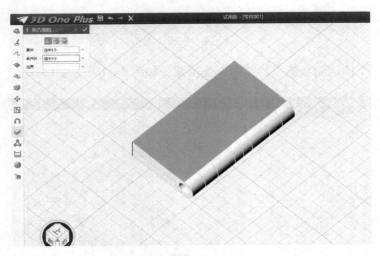

图 4-13

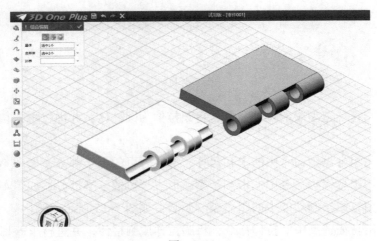

图 4-14

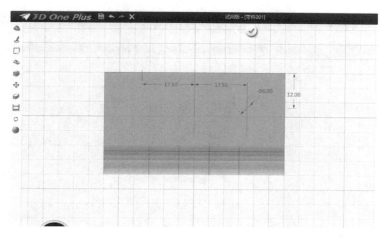

图　4-15

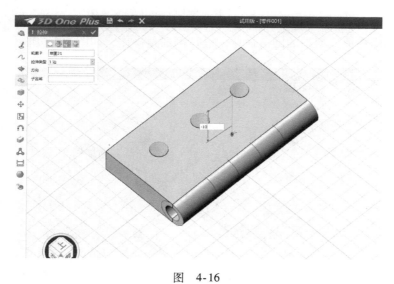

图　4-16

Step 15. 利用草图绘制功能中的圆命令绘制圆，如图4-17所示。

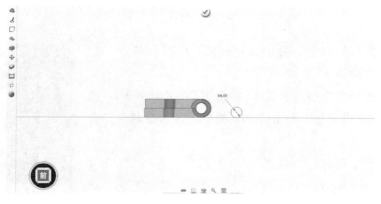

图　4-17

Step 16. 利用特征造型中的拉伸命令，将圆拉伸成圆柱体，如图 4-18 所示。

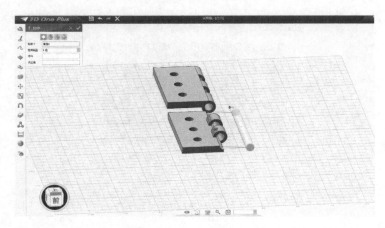

图　4-18

Step 17. 利用特征造型中的圆角命令，进行倒圆角操作，如图 4-19 所示。

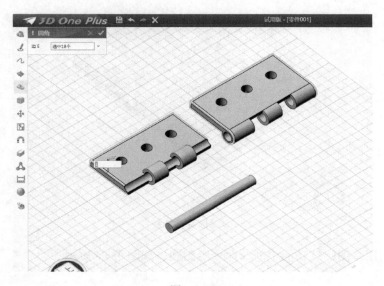

图　4-19

Step 18. 选择保存命令，分别保存模型，依次命名为"合页 1""合页 2""合页 3"。

Step 19. 依次导出模型"合页 1""合页 2""合页 3"。选择 3D One Plus→导出命令，导出为 STL 格式，分别命名为"合页 1""合页 2""合页 3"。

Step 20. 将 STL 格式的"合页 1""合页 2""合页 3"文件导入到 3D 打印机专用软件中，进行参数设置、切片处理，利用 3D 打印机将它们打印成物理实体，如图 4-20 所示。

图　4-20

5. 进行检查

根据计划和决策要求，确定检查内容、检查工具和方法，填写下表。

检 查 记 录					
任务：			名字： 号码：		
序号	检查内容	检查方法/工具	标准	实际	得分
1					
2					
3					
4					
5					
6					
7					
8					
9					
10					
每项检查内容 5 分				总分：	

6. 评价绩效

完成情况（填写完成/未完成）	
根据决策要求评价自己的工作：	
下次此环节怎样可以做得更好？	
你从这个环节中学到了什么？	
工作环节成果展示——软件中合页建模步骤展示	

【典型工作环节 4 进行装配】

1. 搜集资讯

（1）搜集软件中装配相关的命令，了解过渡配合的装配方式。

（2）3D 打印装配件之间配合间隙取值的原则是什么？

2. 制订计划

制订软件中装配的顺序和实物装配顺序。

3. 做出决策

最终决策为以合页 1 为第一装配件，其他部件与其进行装配，在装配过程中应保证配合的配合间隙和运动顺畅性。

4. 付诸实施

根据相关决策要求，同学们自行装配。

5. 进行检查

根据计划和决策要求，确定检查内容、检查工具和方法，填写下表。

检 查 记 录					
任务：			名字： 号码：		
序号	检查内容	检查方法/工具	标准	实际	得分
1					
2					
3					
4					
5					
6					
7					
8					
9					
10					
每项检查内容 5 分				总分：	

6. 评价绩效

完成情况（填写完成/未完成）	
根据决策要求评价自己的工作：	
下次此环节怎样可以做得更好？	
你从这个环节中学到了什么？	
工作环节成果展示——合页装配过程展示	

【典型工作环节 5　展示成果】

1. 搜集资讯

（1）如何展示合页设计的全过程？

（2）如何展示软件绘图中的难点问题？

（3）如何组织展示内容？

（4）如何进行自我评估？

2. 制订计划

确定展示成果的方式。

3. 做出决策

最终决策为采用演讲的方式进行展示，通过制作渲染图、设计过程视频资料和装配动画进行展示，利用 PPT 多媒体形式进行辅助展示。

4. 付诸实施

根据相关决策要求，制作渲染图、设计过程视频资料、装配动画和展示PPT。

5. 进行检查

根据计划和决策要求，确定检查内容、检查工具和方法，填写下表。

检 查 记 录					
任务：			名字： 号码：		
序号	检查内容	检查方法/工具	标准	实际	得分
1					
2					
3					
4					
5					
6					
7					
8					
9					
10					
每项检查内容5分				总分：	

6. 评价绩效

完成情况（填写完成/未完成）	
根据决策要求评价自己的工作：	
下次此环节怎样可以做得更好？	
你从这个环节中学到了什么？	
工作环节成果展示——合页设计全过程展示	

7. 总体评价

评价项目	评价依据	优秀	良好	合格	继续努力
任务描述	清楚任务要求				
设计前期准备	任务所需软件、素材等				
任务实施过程及展示效果	设计思路清晰				
	熟练运用直线、矩形、拉伸等命令				
	团队精神和合作意识				
	任务完成及展示效果				
任务反思					
综合评价					

【拓展训练】

请同学们根据合页连接方式设计出一个可以手动开合的盒子，要求盒子开口处有锁扣，你能设计出一个这样的盒子吗？

同学们，赶紧尝试一下吧!

鲁班锁设计

【学习目标】

1. 知识目标

（1）学习鲁班锁的结构。

（2）学会直线、矩形等草图命令的使用方法。

（3）学会拉伸和组合编辑命令的使用方法。

（4）学会安全操作与劳动保护知识。

（5）学会产品成型工艺性分析知识。

（6）学会 3D 打印成型知识。

（7）学会 3D 打印成型设备装调知识。

（8）学会产品造型与数字化设计方面的知识。

2. 能力目标

（1）能够将鲁班锁绘制为三维模型。

（2）能够熟练应用草图、拉伸、装配和组合编辑命令。

（3）能够掌握鲁班锁设计的基本过程。

（4）具有在设计定位基础上，用手工绘图表达设计创意的能力。

（5）具有将数字模型的不同格式进行相互转换的能力。

（6）具有操作快速成型设备配套软件对模型进行预处理的能力。

【学习性任务描述】

鲁班锁起源于中国古代建筑中首创的榫卯结构，其内部的凹凸部分（即榫卯结构）啮合是十分巧妙的，其中以最常见的六根鲁班锁最为著名。你能根据六根鲁班锁的结构设计出图 5-1 所示的鲁班锁吗？

图 5-1

【典型工作环节 1   设计分析】

1. 搜集资讯

（1）鲁班锁的设计思路是什么？

鲁班锁对放松身心、开发大脑、训练手指灵活度等均有好处，是老少皆宜的休闲玩具。它看上去简单，其实其中奥妙无穷，不得要领的话，很难完成拼合。同学们需要根据鲁班锁的结构，依靠空间想象力，借助设计软件将鲁班锁绘制成三维图形，利用3D打印机将三维图形变成物理模型。

（2）设计鲁班锁需要具备什么样的能力？

主要从学生应具备的能力和掌握的知识来阐述。

（3）六根鲁班锁的拆装步骤是什么？

2. 制订计划

思考一下：你设计鲁班锁的思路和呈现方式是什么？

设计思路（主要为鲁班锁形状尺寸和配合方式设计）	呈现方式（主要为颜色、材料的选择）

3. 做出决策

最终决策为采用黑色 ABS 材料作为 3D 打印材料，根据生活中常见的益智类玩具六根鲁班锁进行创新设计，确定各部分的形状和尺寸。配合面之间为过渡配合，要求能顺利拼装和拆卸。

4. 付诸实施

根据相关决策要求，各位同学手绘出草图，确定鲁班锁的大致形状、尺寸以及装配方式。

5. 进行检查

根据计划和决策要求，确定检查内容、检查工具和方法，填写下表。

检 查 记 录			名字： 号码：		
任务：					
序号	检查内容	检查方法/工具	标准	实际	得分
1					
2					
3					
4					
5					
6					
7					
8					
9					
10					
每项检查内容 5 分				总分：	

6. 评价绩效

完成情况（填写完成/未完成）	
根据决策要求评价自己的工作：	
下次此环节怎样可以做得更好？	
你从这个环节中学到了什么？	
工作环节成果展示——鲁班锁草绘图样展示	

【典型工作环节 2　设计前准备】

1. 搜集资讯

（1）影响 3D 打印质量的主要因素有哪些？

（2）3D One Plus 软件界面的排布方式是怎样的？

（3）三维粉末粘接（3DP）的原理是什么？

2. 制订计划

根据鲁班锁设计方案来确定 3D 打印的成型方式、打印机的基本参数、3D 设计所需要的软件以及参数选择。

3. 做出决策

确定采用市面上常见的 FDM 3D 打印机，打印机成型体积为 255mm × 205mm × 205mm，选择设计软件为 3D One Plus 2.2，并学会安装此软件。

4. 付诸实施

准备计算机一台（安装 3D One Plus 2.2 高教版软件）、FDM 式 3D 打印机一台、3D 打印 ABS 黑色耗材若干。

5. 进行检查

根据计划和决策要求，确定检查内容、检查工具或方法，填写下表。

检 查 记 录					
任务：			名字： 号码：		
序号	检查内容	检查方法/工具	标准	实际	得分
1					
2					
3					
4					
5					
6					
7					
8					
9					
10					
每项检查内容 5 分				总分：	

6. 评价绩效

完成情况（填写完成/未完成）	
根据决策要求评价自己的工作：	
下次工作怎样可以做得更好？	
你从这个环节中学到了什么？	
工作环节成果展示——三维粉末粘接（3DP）原理讲解展示	

【典型工作环节 3 实施设计】

1. 搜集资讯

（1） 3D One Plus 2.2 软件中材质渲染命令的用法。

（2） 3D One Plus 2.2 软件草图编辑中修剪命令的用法。

（3） 3D One Plus 2.2 软件草图编辑中延伸命令的操作方法。

2. 制订计划

制订将草绘图样通过三维软件绘制出来并利用 3D 打印机进行物理打印的计划，主要思路为选择软件中的绘图命令，根据手绘图样内容绘制出三维图形，导出 STL 文件，进行切片处理后导入 3D 打印机进行打印。

3. 做出决策

最终决策为首先将草图中各特征结构进行划分，确定绘图命令，然后按照草绘图样进行三维图形绘制，导出 STL 文件，最后进行 3D 打印。

4. 付诸实施

根据相关决策进行三维图形绘制，主要绘图过程如图 5-2 所示。

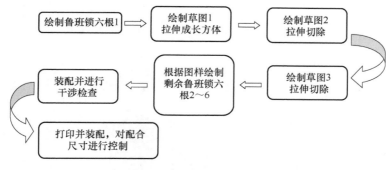

图　5-2

Step 1. 打开 3D One Plus 2.2 软件，界面如图 5-3 所示。

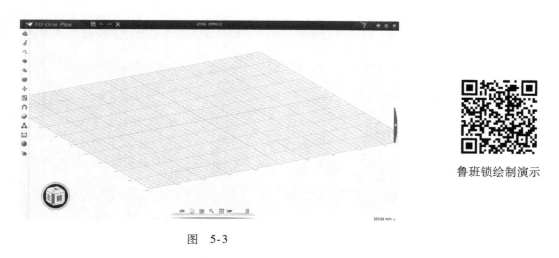

鲁班锁绘制演示

图　5-3

Step 2. 选择草图绘制中的矩形命令，绘制如图 5-4 所示的草图。

Step 3. 利用特征造型中的拉伸命令，进行对称拉伸，拉伸距离均为 7.5mm，使之成为图 5-5 所示长方体。

Step 4. 选择草图绘制中的矩形命令，绘制如图 5-6 所示的草图。

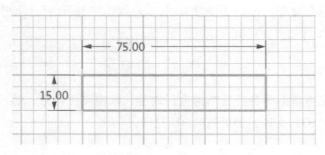

图 5-4

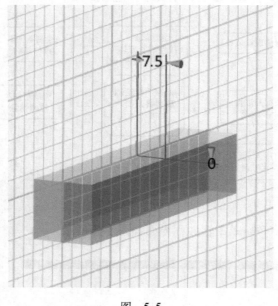

图 5-5

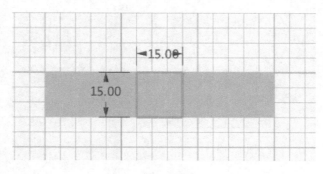

图 5-6

Step 5. 利用特征造型中的拉伸命令，拉伸距离为 7.5mm，并进行求差切除，如图 5-7 所示。

Step 6. 选择草图绘制命令，绘制如图 5-8 所示的图形。

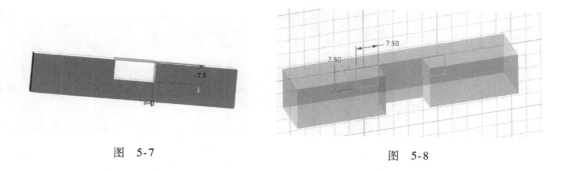

图　5-7　　　　　　　　　　　　　　　　　图　5-8

Step 7. 利用特征造型中的拉伸命令，进行拉伸切除，如图 5-9 所示。

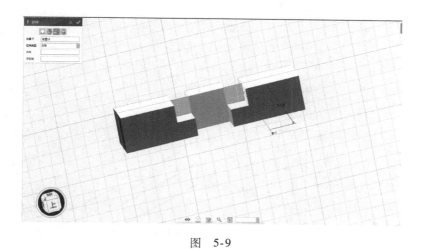

图　5-9

请同学们根据图样绘制鲁班锁其余的部分，图样如图 5-10 ~ 图 5-14 所示。

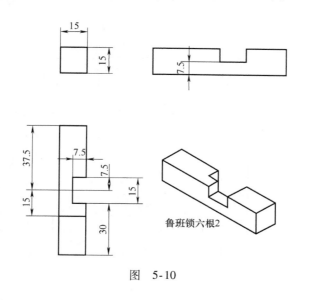

图　5-10

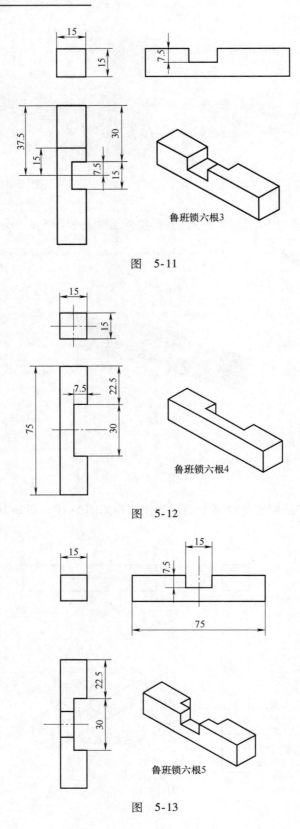

图 5-11

鲁班锁六根3

图 5-12

鲁班锁六根4

图 5-13

鲁班锁六根5

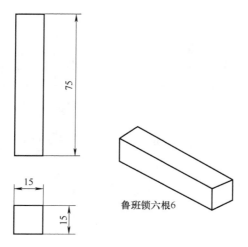

鲁班锁六根6

图 5-14

Step 8. 打开 3D One Plus 2.2 软件，进入新建装配模式，导入鲁班锁六根 1~6，利用对齐命令，将鲁班锁六根装配在一起，并进行装配干涉检查，如图 5-15 所示。

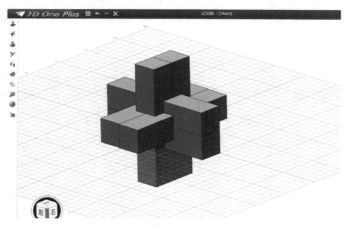

图 5-15

Step 9. 导出模型。选择 3D One Plus→导出命令，导出为 STL 格式，依次命名为"鲁班锁六根 1""鲁班锁六根 2""鲁班锁六根 3""鲁班锁六根 4""鲁班锁六根 5""鲁班锁六根 6"。

Step 10. 将六个 STL 格式的"鲁班锁六根"文件导入到 3D 打印机专用软件中，进行参数设置、切片处理，利用 3D 打印机将它们打印成物理实体，如图 5-16 所示。

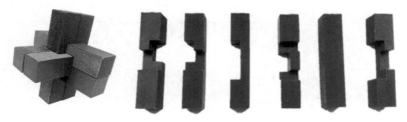

图 5-16

5. 进行检查

根据计划和决策要求，确定检查内容、检查工具和方法，填写下表。

检 查 记 录					
任务：			名字： 号码：		
序号	检查内容	检查方法/工具	标准	实际	得分
1					
2					
3					
4					
5					
6					
7					
8					
9					
10					
每项检查内容 5 分				总分：	

6. 评价绩效

完成情况（填写完成/未完成）	
根据决策要求评价自己的工作：	
下次此环节怎样可以做得更好？	
你从这个环节中学到了什么？	
工作环节成果展示——软件中鲁班锁建模和装配步骤展示	

【典型工作环节 4　进行装配】

1. 搜集资讯

（1）搜集鲁班锁装配视频，了解鲁班锁的装配方法。

（2）鲁班锁装配过程中的主要困难点有哪些？

2. 制订计划

确定装配原则，制订实物装配顺序。

3. 做出决策

最终决策为以鲁班锁六根 1 为第一装配件，其他部件与其进行装配，在装配过程中保证配合的间隙。

4. 付诸实施

根据相关决策要求，同学们自行装配。

5. 进行检查

根据计划和决策要求，确定检查内容、检查工具和方法，填写下表。

检 查 记 录				
任务：		名字： 号码：		
序号	检查内容	检查方法/工具	标准	实际	得分
1					
2					
3					
4					
5					
6					
7					
8					
9					
10					
每项检查内容 5 分			总分：		

6. 评价绩效

完成情况（填写完成/未完成）	
根据决策要求评价自己的工作：	
下次此环节怎样可以做得更好？	
你从这个环节中学到了什么？	
工作环节成果展示——鲁班锁实物装配过程展示	

【典型工作环节5　展示成果】

1. 搜集资讯

（1）如何展示鲁班锁设计全过程？

（2）如何展示软件绘图中的难点问题？

（3）如何组织展示内容？

（4）如何进行自我评估？

2. 制订计划

确定展示成果的方式。

3. 做出决策

最终决策为采用演讲的方式进行展示，通过制作渲染图、设计过程视频资料和装配过程视频进行展示，利用 PPT 多媒体形式进行辅助展示。

4. 付诸实施

根据相关决策要求，制作渲染图、设计过程视频资料、装配过程视频和展示 PPT。

5. 进行检查

根据计划和决策要求，确定检查内容、检查工具和方法，填写下表。

检 查 记 录					
任务：			名字： 号码：		
序号	检查内容	检查方法/工具	标准	实际	得分
1					
2					
3					
4					
5					
6					
7					
8					
9					
10					
每项检查内容 5 分				总分：	

6. 评价绩效

完成情况（填写完成/未完成）	
根据决策要求评价自己的工作：	
下次此环节怎样可以做得更好？	
你从这个环节中学到了什么？	
工作环节成果展示——鲁班锁设计全过程展示	

7. 总体评价

评价项目	评价依据	优秀	良好	合格	继续努力
任务描述	清楚任务要求				
设计前期准备	任务所需软件、素材等				
任务实施过程及展示效果	设计思路清晰				
	熟练运用直线、矩形、拉伸等命令				
	团队精神和合作意识				
	任务完成及展示效果				
任务反思					
综合评价					

【拓展训练】

民间按照鲁班锁中的榫卯结构触类旁通，又在标准鲁班锁的基础上派生出了许多其他复杂的鲁班锁，请同学们选择其中一种结构，利用三维软件将其绘制并打印出来。

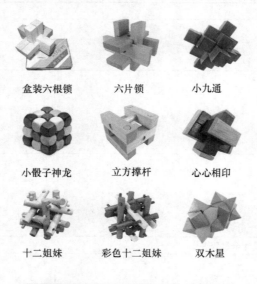

盒装六根锁　　六片锁　　小九通

小骰子神龙　　立方撑杆　　心心相印

十二姐妹　　彩色十二姐妹　　双木星

同学们，赶紧尝试一下吧！

衣夹设计

【学习目标】

1. 知识目标

（1）学会工业产品造型知识。

（2）学会公差与配合的相关知识。

（3）学会拉伸和组合编辑命令的使用方法。

（4）学会安全操作与劳动保护知识。

（5）学会增材制造相关知识。

（6）学会数字化设计基础知识。

2. 能力目标

（1）具有使用 3D One Plus 软件设计三维数字模型的能力。

（2）具有将数字模型的不同格式进行相互转换的能力。

（3）能够掌握衣夹设计的基本过程。

（4）具有收集、分析产品资料的能力。

（5）具有对模型进行基本的后处理的能力。

（6）具有剥离分层叠加型模型的包覆物质的能力。

【学习性任务描述】

小明妈妈的衣夹在使用过程中，不小心被风刮走了，小明想帮妈妈做一个衣夹，作为小明的同学，你能帮助他设计类似图 6-1 所示的衣夹吗？

图 6-1

【典型工作环节1 设计分析】

1. 搜集资讯

（1）衣夹的设计思路是什么？

本例中设计思路来源于日常生活中常见的衣夹，根据小明妈妈所需衣夹的宽度，参考市场上常见衣夹的形状，设计出小明妈妈衣夹的替代品。注意衣夹两个部分以凹凸球面方式进行连接，需要对配合间隙进行严格控制。

（2）设计衣夹需要具备什么样的能力？

主要从学生应具备的能力和掌握的知识来阐述。

（3）设计衣夹应当遵循的原则是什么？

主要从功能性、实用性等方面来阐述。

2. 制订计划

思考一下：你设计衣夹的思路和呈现方式是什么？

设计思路（主要为衣夹形状和配合方式设计）	呈现方式（主要为颜色、材料的选择）

3. 做出决策

最终决策为采用黑色 ABS 材料作为 3D 打印材料，根据生活中常见的衣夹形状进行创新设计，要求以实用性为主，连接部分应当为过渡配合，衣夹应活动顺畅，大小合适，符合用户使用习惯。

4. 付诸实施

根据相关决策要求，各位同学手绘出草图，确定衣夹的大致形状、尺寸以及装配方式。

5. 进行检查

根据计划和决策要求，确定检查内容、检查工具和方法，填写下表。

检 查 记 录					
任务:			名字: 号码:		
序号	检查内容	检查方法/工具	标准	实际	得分
1					
2					
3					
4					
5					
6					
7					
8					
9					
10					
每项检查内容 5 分			总分:		

6. 评价绩效

完成情况（填写完成/未完成）	
根据决策要求评价自己的工作：	
下次此环节怎样可以做得更好？	
你从这个环节中学到了什么？	
工作环节成果展示——衣夹设计思路和草绘图样展示	

【典型工作环节 2 设计前准备】

1. 搜集资讯

（1）3D 打印机调平的主要方法是什么？

（2）3D 打印机基本组成结构是怎样的？

（3）熔融沉积快速成型技术的打印精度是多少？

2. 制订计划

根据衣夹设计方案来确定 3D 打印的成型方式、打印机的基本参数、3D 设计所需要的软件以及参数选择。

3. 做出决策

确定采用市面上常见的 FDM 式 3D 打印机，打印机成型体积为 255mm × 205mm × 205mm。选择设计软件为 3D One Plus 2.2，并学会安装此软件。

4. 付诸实施

准备计算机一台（安装 3D One Plus 2.2 高教版软件）、FDM 式 3D 打印机一台、3D 打印 ABS 黑色耗材若干。

5. 进行检查

根据计划和决策要求，确定检查内容、检查工具或方法，填写下表。

检查记录					
任务：			名字： 号码：		
序号	检查内容	检查方法/工具	标准	实际	得分
1					
2					
3					
4					
5					
6					
7					
8					
9					
10					
每项检查内容 5 分				总分：	

6. 评价绩效

完成情况（填写完成/未完成）	
根据决策要求评价自己的工作：	
下次工作怎样可以做得更好？	
你从这个环节中学到了什么？	
工作环节成果展示——3D 打印机基本结构讲解展示	

【典型工作环节 3　实施设计】

1. 搜集资讯

（1）3D One Plus 2.2 软件中测量距离命令的用法。

（2）3D One Plus 2.2 软件平面草图编辑中偏移命令的用法。

（3）3D One Plus 2.2 软件草图绘制中多段线命令的操作方法。

2. 制订计划

制订将草绘图样通过三维软件绘制出来，并利用3D 打印机进行物理打印的计划，主要思路为选择软件中的绘图命令，根据手绘图样内容绘制出三维图形，导出 STL 文件，进行切片处理后导入 3D 打印机进行打印。

3. 做出决策

最终决策为首先将草图中各特征结构进行划分，确定绘图命令，然后按照草绘图样进行三维图形绘制，导出 STL 文件，最后进行 3D 打印。

4. 付诸实施

根据相关决策进行三维图形绘制，主要绘图过程如图 6-2 所示。

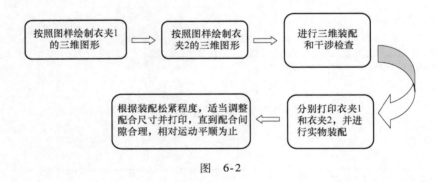

图　6-2

衣夹的设计图样如图 6-3 和图 6-4 所示。

Step 1. 绘制衣夹 1 的三维图形，如图 6-5 所示。

Step 2. 绘制衣夹 2 的三维图形，如图 6-6 所示。

Step 3. 选择保存命令，分别保存模型，命名为"衣夹 1"和"衣夹 2"。

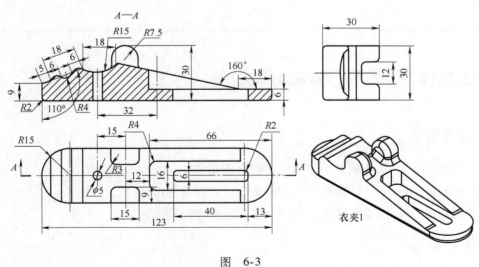

图　6-3

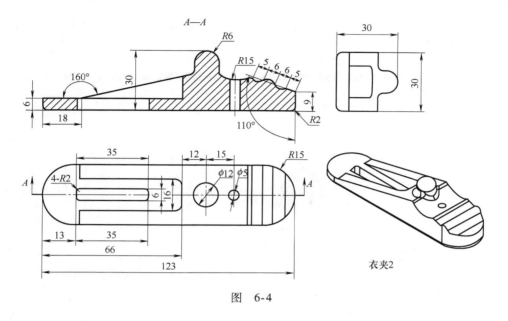

图 6-4

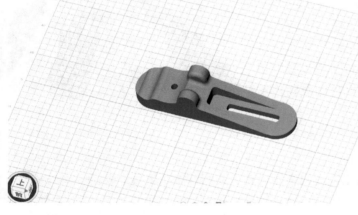

衣夹2

衣夹绘制演示

图 6-5

图 6-6

Step 4. 打开 3D One Plus 2.2 软件,进入新建装配模式,导入"衣夹 1"和"衣夹 2"文件,利用对齐命令,将二者装配在一起,并进行装配干涉检查,如图 6-7 所示。

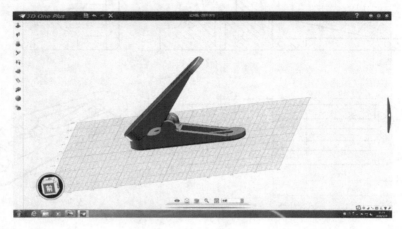

图 6-7

Step 5. 导出模型,选择 3D One Plus→导出命令,导出为 STL 格式,命名为"衣夹"。

Step 6. 将 STL 格式的"衣夹"文件导入到 3D 打印机专用软件中,进行参数设置、切片处理,利用 3D 打印机将衣夹打印成物理实体,如图 6-8 所示。

图 6-8

5. 进行检查

根据计划和决策要求,确定检查内容、检查工具和方法,填写下表。

检 查 记 录					
任务:			名字: 号码:		
序号	检查内容	检查方法/工具	标准	实际	得分
1					
2					
3					
4					
5					
6					
7					
8					
9					
10					
每项检查内容 5 分				总分:	

6. 评价绩效

完成情况（填写完成/未完成）	
根据决策要求评价自己的工作：	
下次此环节怎样可以做得更好？	
你从这个环节中学到了什么？	
工作环节成果展示——软件中衣夹建模步骤展示	

【典型工作环节4 进行装配】

1. 搜集资讯

（1）搜集软件中装配相关的命令，熟悉各命令的操作方法。

（2）3D打印装配件过渡配合的间隙值如何确定？

2. 制订计划

确定装配原则，制订实物装配顺序。

3. 做出决策

最终决策为以衣夹1为第一装配件，其他部件与其进行装配，在装配过程中应保证配合间隙和运动顺畅性。

4. 付诸实施

根据相关决策要求，同学们自行装配。

5. 检查

根据计划和决策要求，确定检查内容、检查工具和方法，填写下表。

检 查 记 录					
任务：			名字： 号码：		
序号	检查内容	检查方法/工具	标准	实际	得分
1					
2					
3					
4					
5					
6					
7					
8					
9					
10					
每项检查内容 5 分				总分：	

6. 评价绩效

完成情况（填写完成/未完成）	
根据决策要求评价自己的工作：	
下次此环节怎样可以做得更好？	
你从这个环节中学到了什么？	
工作环节成果展示——衣夹装配过程展示	

【典型工作环节 5　展示成果】

1. 搜集资讯

（1）如何展示衣架设计全过程？

（2）如何展示软件绘图中的难点问题？

（3）如何组织展示内容？

（4）如何进行自我评估？

2. 制订计划

确定展示自己成果的方式。

3. 做出决策

最终决策为采用演讲的方式进行展示，通过制作渲染图、设计过程视频资料和装配动画进行展示，利用 PPT 多媒体形式进行辅助展示。

4. 付诸实施

根据相关决策要求，制作渲染图、设计过程视频资料、装配动画和展示 PPT。

5. 进行检查

根据计划和决策要求，确定检查内容、检查工具和方法，填写下表。

检 查 记 录					
任务：			名字： 号码：		
序号	检查内容	检查方法/工具	标准	实际	得分
1					
2					
3					
4					
5					
6					
7					
8					
9					
10					
每项检查内容 5 分			总分：		

6. 评价绩效

完成情况（填写完成/未完成）	
根据决策要求评价自己的工作：	
下次此环节怎样可以做得更好？	
你从这个环节中学到了什么？	
工作环节成果展示——衣夹设计全过程展示	

7. 总体评价

评价项目	评价依据	优秀	良好	合格	继续努力
任务描述	清楚任务要求				
设计前期准备	任务所需软件、素材等				
任务实施过程及展示效果	设计思路清晰				
	熟练运用直线、矩形、拉伸等命令				
	团队精神和合作意识				
	任务完成及展示效果				
任务反思					
综合评价					

【拓展训练】

　　公交车上的安全锤丢失，公交公司求助学校帮忙设计一个新的安全锤，你能帮学校完成这个设计吗？

同学们，赶紧尝试一下吧！

秦弓弩设计

【学习目标】

1. 知识目标

（1）学习秦弓弩的设计思路和绘制过程。

（2）学会直线、矩形、圆和圆弧等草图命令的使用方法。

（3）学会拉伸和组合编辑命令的使用方法。

（4）学会安全操作与劳动保护知识。

（5）学会三维建模数字化设计与制造的相关知识。

（6）学会数字化设计的基础知识。

2. 能力目标

（1）能够将秦弓弩绘制为三维模型。

（2）能够熟练操作草图、拉伸和组合编辑命令。

（3）能够掌握秦弓弩设计的基本过程。

【学习性任务描述】

秦弓弩是古人智慧的结晶，它灵活运用了杠杆原理，其设计十分巧妙。秦弓弩在使用中可以承受很大的来自弓弦的拉力，但扣动扳机时所需要的力却非常小，有利于维持射击的稳定性，有效提高射击的准确度。秦弓弩设计精巧之处主要在弓弩扳机，请同学们参照图 7-1 所示的弓弩扳机原理图设计秦弓弩。

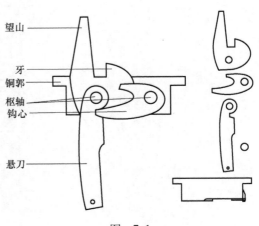

图　7-1

【典型工作环节 1 设计分析】

1. 搜集资讯

（1）秦弓弩的设计思路是什么？

弩源于弓，但威力远大于弓。在秦朝，秦弩制造就实行了机械化生产。同学们需要查阅相关资料，根据原理图确定相关尺寸，掌握三维设计软件的设计思路，借助设计软件，将秦弓弩绘制成三维图形，然后利用 3D 打印机将三维图形变成物理模型。

（2）设计秦弓弩需要具备什么样的能力？

主要从学生应具备的能力和掌握的知识来阐述。

（3）设计秦弓弩应当遵循的原则是什么？

主要从功能性、使用性等方面来阐述。

2. 制订计划

思考一下：你设计秦弓弩的思路和呈现方式是什么？

设计思路（主要为秦弓弩形状和各部分配合方式设计）	呈现方式（主要为颜色、材料的选择）

3. 做出决策

最终决策为采用黑色和绿色 ABS 材料作为 3D 打印材料，根据出土文物形状进行创新设计，要求弓弩扳机部分设计尺寸合理、动作连贯，符合人们的使用习惯。

4. 付诸实施

根据相关决策要求，各位同学手绘出草图，确定秦弓弩的大致形状、尺寸以及装配方式。

5. 进行检查

根据计划和决策要求，确定检查内容、检查工具和方法，填写下表。

检 查 记 录

序号	检查内容	检查方法/工具	标准	实际	得分
1					
2					
3					
4					
5					
6					
7					
8					
9					
10					

任务：　　名字：　号码：

每项检查内容 5 分　　　　总分：

6. 评价绩效

完成情况（填写完成/未完成）	
根据决策要求评价自己的工作：	
下次此环节怎样可以做得更好？	
你从这个环节中学到了什么？	
工作环节成果展示——秦弓弩设计思路和草绘图样展示	

【典型工作环节 2 设计前准备】

1. 搜集资讯

（1）3D 建模的主要步骤是什么？

（2）3D One Plus 软件中工具栏的六个功能是什么？

（3）3D One Plus 软件主要命令工具栏是什么？

2. 制订计划

根据秦弓弩设计方案来确定 3D 打印的成型方式、打印机的基本参数、3D 设计所需要的软件以及参数选择。

3. 做出决策

确定采用市面上常见的 FDM 3D 打印机，打印机成型体积为 255mm×205mm×205mm。选择设计软件为 3D One Plus 2.2，并学会安装此软件。

4. 付诸实施

准备计算机一台（安装 3D One Plus 2.2 高教版软件）、FDM 式 3D 打印机一台、3D 打印 ABS 黑色和绿色耗材若干。

5. 进行检查

根据计划和决策要求，确定检查内容、检查工具或方法，填写下表。

检查记录					
任务：			名字： 号码：		
序号	检查内容	检查方法/工具	标准	实际	得分
1					
2					
3					
4					
5					
6					
7					
8					
9					
10					
每项检查内容 5 分				总分：	

6. 评价绩效

完成情况（填写完成/未完成）	
根据决策要求评价自己的工作：	
下次工作怎样可以做得更好？	
你从这个环节中学到了什么？	
工作环节成果展示——3D打印机换料操作展示	

【典型工作环节3　实施设计】

1. 搜集资讯

（1）3D打印机切片软件主要的设置参数有哪些？
（2）3D打印机退换料操作步骤有哪些？
（3）3D One Plus 2.2 软件实体特征造型中拔模命令如何操作？

2. 制订计划

制订将草绘图样通过三维软件绘制出来，并利用3D打印机进行物理打印的计划，主要思路为选择软件中的绘图命令，根据手绘图样内容绘制出三维图形，导出STL文件，进行切片处理后导入3D打印机进行打印。

3. 做出决策

最终决策为首先将手绘图样中各特征结构进行划分，确定绘图命令，然后按照草绘图样进行三维图形绘制，导出STL文件，最后进行3D打印。

4. 付诸实施

根据相关决策进行三维图形绘制。秦弓弩的主要结构为弓弩扳机，首先绘制秦弓弩扳机，然后根据扳机的尺寸绘制弓箭、弓和弩身，将各部分进行三维装配并进行干涉检查。主要绘图过程如图 7-2 所示。

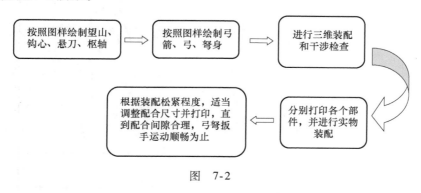

图　7-2

秦弓弩的设计图样如图 7-3 ~ 图 7-10 所示。

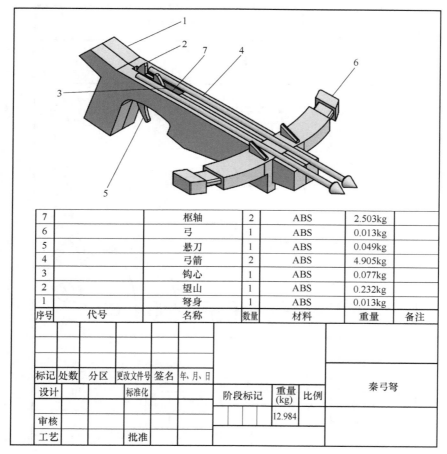

7		枢轴	2	ABS	2.503kg	
6		弓	1	ABS	0.013kg	
5		悬刀	1	ABS	0.049kg	
4		弓箭	2	ABS	4.905kg	
3		钩心	1	ABS	0.077kg	
2		望山	1	ABS	0.232kg	
1		弩身	1	ABS	0.013kg	
序号	代号	名称	数量	材料	重量	备注

秦弓弩
阶段标记　重量(kg) 12.984　比例

图　7-3

3D打印创新设计实例项目教程

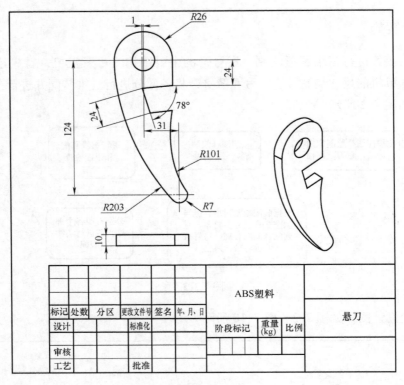

图　7-4

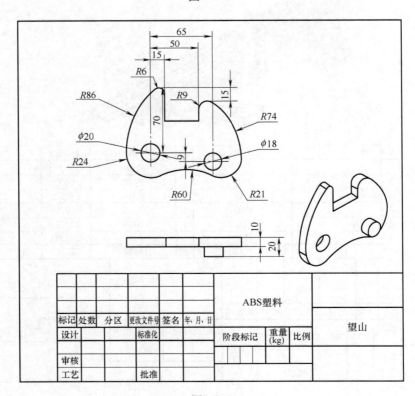

图　7-5

— 98 —

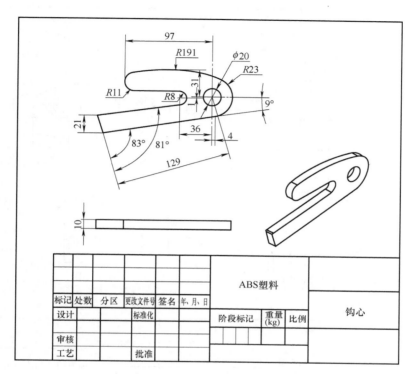

图   7-6

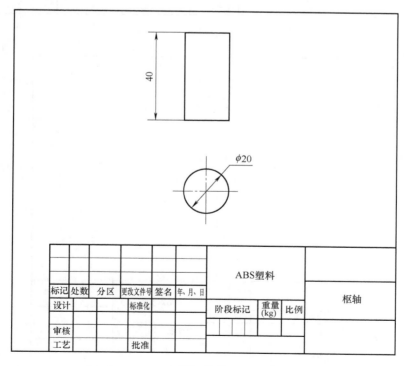

图   7-7

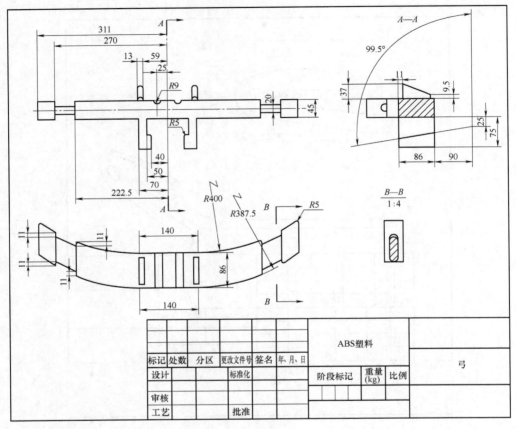

图 7-8

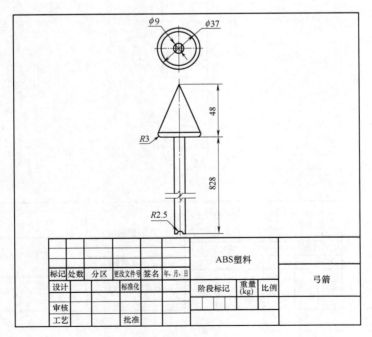

图 7-9

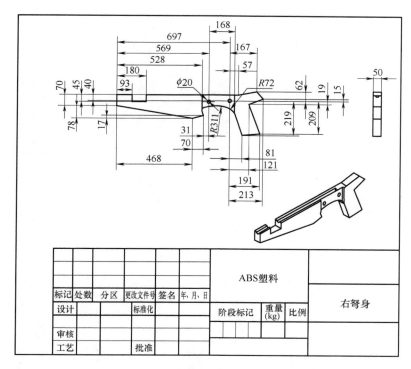

图　7-10

Step 1. 分别绘制钩心、望山、悬刀、枢轴的三维图形，如图 7-11～图 7-14 所示。

图　7-11

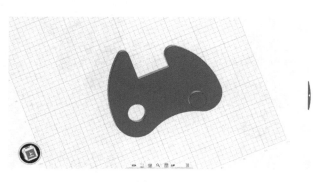

图　7-12

图　7-13

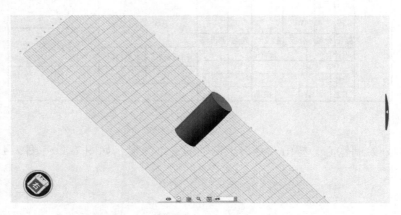

图　7-14

Step 2. 分别绘制弓、弓箭、弩身的三维图形，其中左弩身可以通过对右弩身进行镜像绘制，绘制的图形如图 7-15 ~ 图 7-18 所示。

弓绘制演示

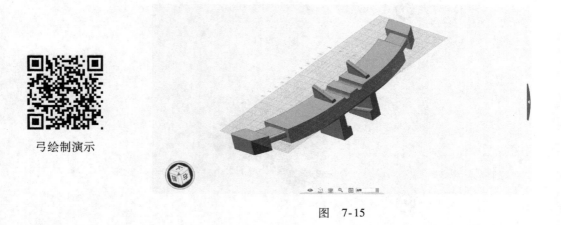

图　7-15

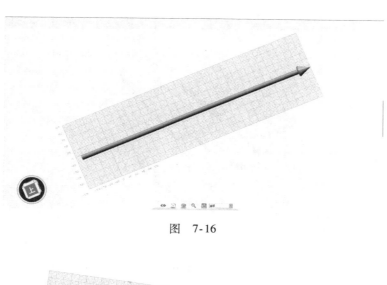

图 7-16

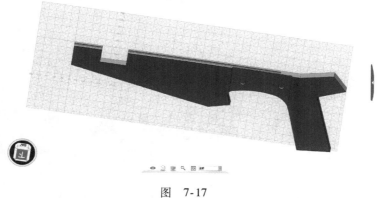

图 7-17

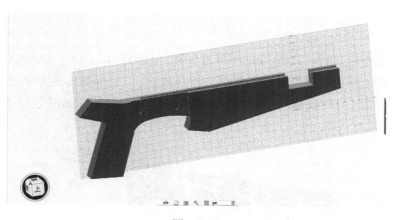

图 7-18

Step 3. 选择保存命令保存模型,用各部件名称命名。各部件摆放如图 7-19 所示。

Step 4. 打开 3D One Plus 2.2 软件,进入新建装配模式,导入各部件的图形文件,利用对齐、同心等命令,将各部件装配在一起,并进行装配干涉检查,如图 7-20 所示。

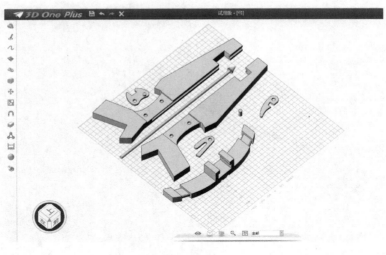

图 7-19

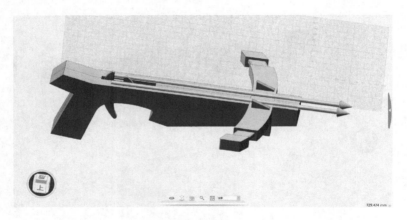

图 7-20

Step 5. 导出模型，选择3D One Plus→导出命令，导出为 STL 格式，命名为相应部件的名称。

Step 6. 将 STL 格式的各个相应部件的文件导入到 3D 打印机专用软件中，进行参数设置、切片处理，利用 3D 打印机将秦弓弩打印成物理实体并装配，如图 7-21 所示。

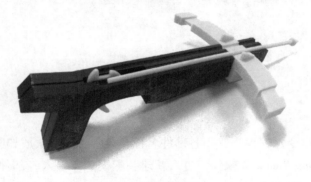

图 7-21

5. 进行检查

根据计划和决策要求，确定检查内容、检查工具和方法，填写下表。

检 查 记 录					
任务：			名字： 号码：		
序号	检查内容	检查方法/工具	标准	实际	得分
1					
2					
3					
4					
5					
6					
7					
8					
9					
10					
每项检查内容 5 分				总分：	

6. 评价绩效

完成情况（填写完成/未完成）	
根据决策要求评价自己的工作：	
下次此环节怎样可以做得更好？	
你从这个环节中学到了什么？	
工作环节成果展示——软件中弓弩扳机建模步骤展示	

【典型工作环节4 进行装配】

1. 搜集资讯

（1）机械零部件装配原则有哪些？

（2）软件的装配模块中对齐命令如何使用？

2. 制订计划

确定装配原则，制订实物装配顺序。

3. 做出决策

最终决策为以弩身为第一装配件，其他部件与其进行装配，在装配过程中应保证配合间隙和运动顺畅性。

4. 付诸实施

根据相关决策要求，同学们自行装配。

5. 进行检查

根据计划和决策要求，确定检查内容、检查工具和方法，填写下表。

检 查 记 录					
任务：			名字： 号码：		
序号	检查内容	检查方法/工具	标准	实际	得分
1					
2					
3					
4					
5					
6					
7					
8					
9					
10					
每项检查内容5分				总分：	

6. 评价绩效

完成情况（填写完成/未完成）	
根据决策要求评价自己的工作：	
下次此环节怎样可以做得更好？	
你从这个环节中学到了什么？	
工作环节成果展示——秦弓弩装配过程展示	

【典型工作环节 5　展示成果】

1. 搜集资讯

（1）如何展示秦弓弩设计全过程？

（2）如何展示秦弓弩软件绘图中的难点问题？

（3）如何组织展示内容？

（4）如何进行自我评估？

2. 制订计划

确定展示成果的方式。

3. 做出决策

最终决策为采用演讲的方式进行展示，通过制作渲染图、设计过程视频资料、用户使用情况说明书和装配动画进行展示，利用 PPT 多媒体形式进行辅助展示。

4. 付诸实施

根据相关决策要求，制作渲染图、设计过程视频资料、装配动画、用户使用情况说明书和展示 PPT。

5. 进行检查

根据计划和决策要求，确定检查内容、检查工具和方法，填写下表。

<table>
<tr><th colspan="6">检 查 记 录</th></tr>
<tr><td colspan="3" rowspan="2">任务：</td><td colspan="3">名字：</td></tr>
<tr><td colspan="3">号码：</td></tr>
<tr><td>序号</td><td>检查内容</td><td>检查方法/工具</td><td>标准</td><td>实际</td><td>得分</td></tr>
<tr><td>1</td><td></td><td></td><td></td><td></td><td></td></tr>
<tr><td>2</td><td></td><td></td><td></td><td></td><td></td></tr>
<tr><td>3</td><td></td><td></td><td></td><td></td><td></td></tr>
<tr><td>4</td><td></td><td></td><td></td><td></td><td></td></tr>
<tr><td>5</td><td></td><td></td><td></td><td></td><td></td></tr>
<tr><td>6</td><td></td><td></td><td></td><td></td><td></td></tr>
<tr><td>7</td><td></td><td></td><td></td><td></td><td></td></tr>
<tr><td>8</td><td></td><td></td><td></td><td></td><td></td></tr>
<tr><td>9</td><td></td><td></td><td></td><td></td><td></td></tr>
<tr><td>10</td><td></td><td></td><td></td><td></td><td></td></tr>
<tr><td colspan="3">每项检查内容 5 分</td><td colspan="3">总分：</td></tr>
</table>

6. 评价绩效

<table>
<tr><td colspan="2">完成情况（填写完成/未完成）</td><td></td></tr>
<tr><td colspan="3">根据决策要求评价自己的工作：

</td></tr>
<tr><td colspan="3">下次此环节怎样可以做得更好？

</td></tr>
<tr><td colspan="3">你从这个环节中学到了什么？

</td></tr>
<tr><td colspan="3">工作环节成果展示——秦弓弩设计全过程展示

</td></tr>
</table>

7. 总体评价

评价项目	评价依据	优秀	良好	合格	继续努力
任务描述	清楚任务要求				
设计前期准备	任务所需软件、素材等				
任务实施过程及展示效果	设计思路清晰				
	熟练运用直线、矩形、拉伸等命令				
	团队精神和合作意识				
	任务完成及展示效果				
任务反思					
综合评价					

【拓展训练】

秦弓弩设计很精巧，整个扳机系统没有使用一根弹簧，却能完成自动扣弦、待击、击发等一系列动作，设计巧妙令人感叹。但是，秦弓弩作为一种远射兵器，如果只能射得远，而不能射得准，那么在实战中的威力便会大打折扣。同学们可以通过查阅相关资料对望山进行改进，提高秦弓弩射击的准确度。

相关资料

弩箭发射之后，因受到地心引力和空气阻力的影响，会以抛物线轨迹飞向目标。在这样的情况下，弩在射击瞄准时，就需要略微抬高。那么到底抬多高？这时就需要简易瞄准系统，这就是望山。可以通过望山、箭头、目标三点一线的方法来瞄准。但是简单的望山难以适应越来越高的射击精度要求，弩手只能利用与机牙高平处的"平射瞄准点"和望山顶端的"最大距离远射瞄准点"来瞄准，其他距离的射击，只能靠弩手的经验来操作。这就势必要对弩机进行改造，解决方案就是在望山上增加刻度。弩手判断其与目标之间的距离后，根据距离选择相应的望山刻度，构成瞄准线并发射，从而极大提高命中率。

同学们，赶紧尝试一下吧！

投石车设计

【学习目标】

1. 知识目标

（1）学习投石车的设计思路。

（2）学会 3D One Plus 等软件的基本知识和常用命令的使用方法。

（3）学会产品造型与数字化设计方面的知识。

（4）学会 3D 打印成型设备装调知识。

（5）学会公差与配合相关知识。

（6）学会安全操作与劳动保护知识。

2. 能力目标

（1）能够将投石车绘制为三维模型。

（2）能够熟练操作草图、拉伸、装配和组合编辑命令。

（3）能够掌握投石车设计的基本过程。

（4）能够掌握装配过程中配合的种类。

（5）具有在设计定位基础上，用手工绘图表达设计创意的能力。

（6）具有对设计产品的质量进行监控的能力。

（7）具有根据成型材料特性的不同判断不同模型最适宜的成型方式的能力。

【学习性任务描述】

投石车是利用杠杆原理抛射石弹的大型人力远射兵器，主要用来攻城和野外作战，其造型如图 8-1 所示。它的出现，是技术的进步，也是战争需要。你可以查阅相关资料完成投石车的设计吗？

图 8-1

【典型工作环节 1　设计分析】

1. 搜集资讯

（1）投石车的设计思路是什么？

同学们可以通过查阅相关资料，根据投石机的杠杆原理，自主设计投石车，在设计中需要明白各个零件之间的配合关系，熟悉和掌握间隙、过盈、过渡配合，在外观设计上可以进行创新，形成自己独特的风格。

（2）设计投石车需要具备什么样的能力？

主要从学生应具备的能力和掌握的知识来阐述。

（3）投石车的原理是什么？

主要从投石车利用杠杆原理等方面来阐述。

2. 制订计划

思考一下：你设计投石车的思路和呈现方式是什么？

设计思路（主要为投石车形状和配合方式设计）	呈现方式（主要为颜色、材料的选择）

3. 做出决策

最终决策为采用白色和绿色 ABS 材料作为 3D 打印材料，以古代战场投石车复原图为设计依据，进行投石车设计，要求能够实现主要功能，连接部分运动顺畅，大小合适。

4. 付诸实施

根据相关决策要求，各位同学手绘出草图，确定投石车的大致形状、尺寸以及装配方式。

5. 进行检查

根据计划和决策要求，确定检查内容、检查工具和方法，填写下表。

检查记录					
任务：			名字： 号码：		
序号	检查内容	检查方法/工具	标准	实际	得分
1					
2					
3					
4					
5					
6					
7					
8					
9					
10					
每项检查内容5分				总分：	

6. 评价绩效

完成情况（填写完成/未完成）	
根据决策要求评价自己的工作：	
下次此环节怎样可以做得更好？	
你从这个环节中学到了什么？	
工作环节成果展示——投石车设计思路和草绘图样展示	

【典型工作环节 2　设计前准备】

1. 搜集资讯

（1）3D 打印机的选用原则是什么？

（2）3D One Plus 软件的优点有哪些？

（3）UG 软件的主要功能有哪些？

2. 制订计划

根据投石车设计方案来确定 3D 打印的成型方式、打印机的基本参数、3D 设计所需要的软件以及参数选择。

3. 做出决策

确定采用市面上常见的 FDM 3D 打印机，打印机成型体积为 255mm×205mm×205mm。选择设计软件为 3D One Plus 2.2，并学会安装此软件。

4. 付诸实施

准备计算机一台（安装 3D One Plus 2.2 高教版软件）、FDM 式 3D 打印机一台、3D 打印 ABS 白色和绿色耗材若干。

5. 进行检查

根据计划和决策要求，确定检查内容、检查工具或方法，填写下表。

检 查 记 录					
任务：			名字： 号码：		
序号	检查内容	检查方法/工具	标准	实际	得分
1					
2					
3					
4					
5					
6					
7					
8					
9					
10					
每项检查内容 5 分				总分：	

6. 评价绩效

完成情况（填写完成/未完成）	
根据决策要求评价自己的工作：	
下次工作怎样可以做得更好？	
你从这个环节中学到了什么？	
工作环节成果展示——3D One Plus 软件优点讲解展示	

【典型工作环节 3　实施设计】

1. 搜集资讯

（1）3D One Plus 2.2 软件中主菜单命令及其作用。

（2）3D One Plus 2.2 软件平面草图绘制中预制文字命令的用法。

（3）3D One Plus 2.2 软件特殊功能中圆柱折弯命令的操作方法。

2. 制订计划

制订将草绘图样通过三维软件绘制出来，并利用 3D 打印机进行物理打印的计划，主要思路为选择软件中的绘图命令，根据手绘图样内容绘制出三维图形，导出 STL 文件，进行切片处理后导入 3D 打印机进行打印。

3. 做出决策

最终决策为首先将手绘图样中各特征结构进行划分，确定绘图命令，然后按照草绘图样进行三维图形绘制，导出 STL 文件，最后进行 3D 打印。

4. 付诸实施

根据相关决策进行三维图形绘制,主要绘图过程如图8-2所示。

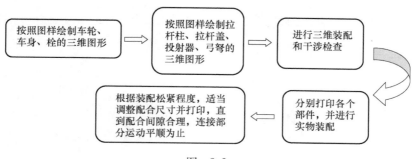

图 8-2

投石车的设计图样如图8-3 ~ 图8-10所示。

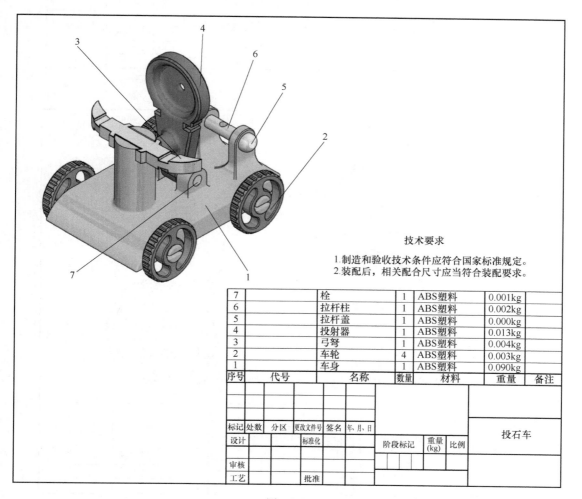

技术要求

1.制造和验收技术条件应符合国家标准规定。
2.装配后,相关配合尺寸应当符合装配要求。

7		栓	1	ABS塑料	0.001kg	
6		拉杆柱	1	ABS塑料	0.002kg	
5		拉杆盖	1	ABS塑料	0.000kg	
4		投射器	1	ABS塑料	0.013kg	
3		弓弩	1	ABS塑料	0.004kg	
2		车轮	4	ABS塑料	0.003kg	
1		车身	1	ABS塑料	0.090kg	
序号	代号	名称	数量	材料	重量	备注

标记	处数	分区	更改文件号	签名	年,月,日				投石车
设计			标准化			阶段标记	重量(kg)	比例	
审核									
工艺			批准						

图 8-3

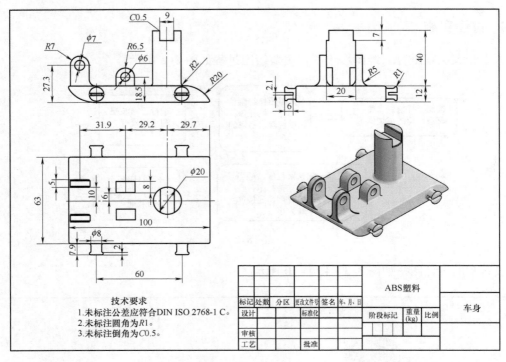

技术要求
1.未标注公差应符合DIN ISO 2768-1 C。
2.未标注圆角为R1。
3.未标注倒角为C0.5。

标记	处数	分区	更改文件号	签名	年, 月, 日	ABS塑料			
设计			标准化						车身
						阶段标记	重量(kg)	比例	
审核									
工艺			批准						

图 8-4

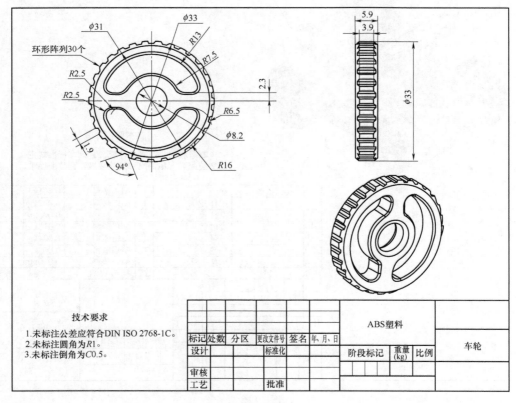

技术要求
1.未标注公差应符合DIN ISO 2768-1C。
2.未标注圆角为R1。
3.未标注倒角为C0.5。

标记	处数	分区	更改文件号	签名	年, 月, 日	ABS塑料			
设计			标准化						车轮
						阶段标记	重量(kg)	比例	
审核									
工艺			批准						

图 8-5

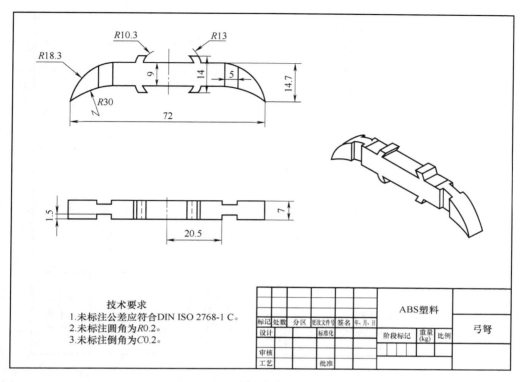

技术要求
1.未标注公差应符合DIN ISO 2768-1 C。
2.未标注圆角为R0.2。
3.未标注倒角为C0.2。

标记	处数	分区	更改文件号	签名	年、月、日	ABS塑料			弓弩
设计			标准化			阶段标记	重量(kg)	比例	
审核									
工艺			批准						

图　8-6

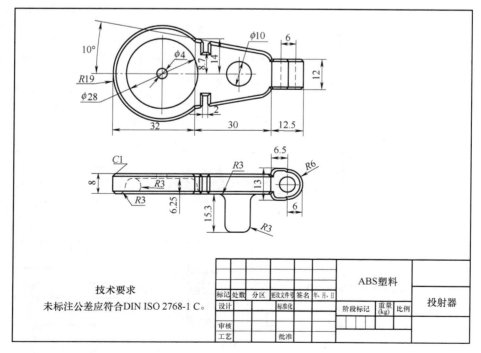

技术要求
未标注公差应符合DIN ISO 2768-1 C。

标记	处数	分区	更改文件号	签名	年、月、日	ABS塑料			投射器
设计			标准化			阶段标记	重量(kg)	比例	
审核									
工艺			批准						

图　8-7

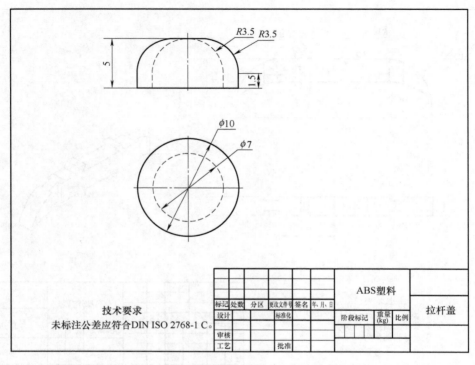

技术要求
未标注公差应符合DIN ISO 2768-1 C。

							ABS塑料		
标记	处数	分区	更改文件号	签名	年、月、日				拉杆盖
设计				标准化					
审核						阶段标记	重量(kg)	比例	
工艺				批准					

图 8-8

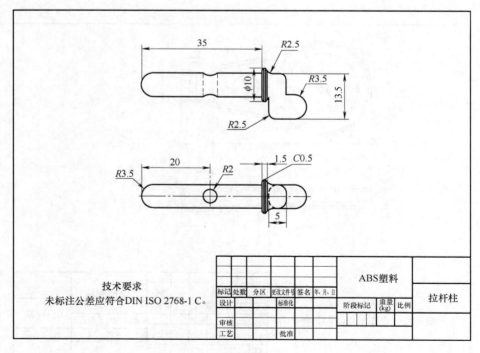

技术要求
未标注公差应符合DIN ISO 2768-1 C。

							ABS塑料		
标记	处数	分区	更改文件号	签名	年、月、日				拉杆柱
设计				标准化					
审核						阶段标记	重量(kg)	比例	
工艺				批准					

图 8-9

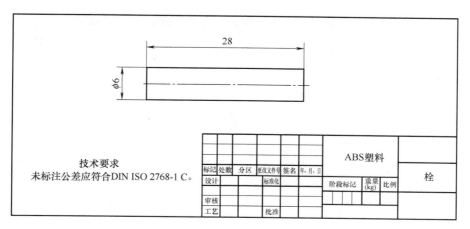

技术要求
未标注公差应符合DIN ISO 2768-1 C。

标记	处数	分区	更改文件号	签名	年、月、日	ABS塑料		栓
设计			标准化					
审核						阶段标记	重量(kg)	比例
工艺			批准					

图 8-10

Step 1. 分别绘制车轮、车身、栓的三维图形，如图 8-11 ~ 图 8-13 所示。

图 8-11

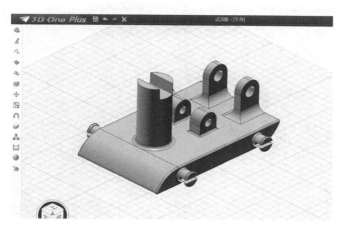

图 8-12

车身绘制演示

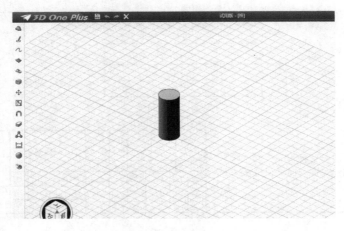

图　8-13

Step 2. 分别绘制拉杆柱、拉杆盖、弓弩、投射器的三维图形，如图 8-14 ~ 图 8-17 所示。

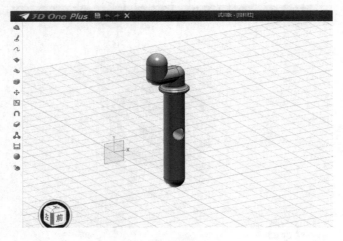

图　8-14

图　8-15

— 120 —

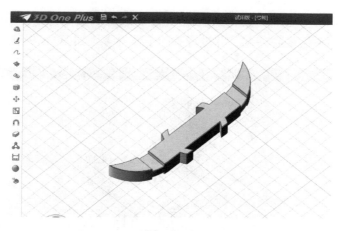

图 8-16

图 8-17

Step 3. 选择保存命令保存模型，以各零件名称命名，各零件摆放如图 8-18 所示。

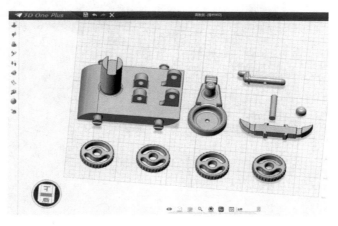

图 8-18

Step 4. 打开 3D One Plus 2.2 软件，进入新建装配模式，导入各个零件，利用对齐、同心等命令，将各个零件装配在一起，并进行装配干涉检查，如图 8-19 所示。

图　8-19

Step 5. 导出模型，选择 3D One Plus→导出命令，导出为 STL 格式，命名为相应的零件名称。

Step 6. 将 STL 格式的各个相应零部件的文件导入到 3D 打印机专用软件中，进行参数设置、切片处理，利用 3D 打印机将投石车打印成物理实体，如图 8-20 所示。

图　8-20

5. 进行检查

根据计划和决策要求，确定检查内容、检查工具和方法，填写下表。

检 查 记 录					
任务：			名字： 号码：		
序号	检查内容	检查方法/工具	标准	实际	得分
1					
2					
3					
4					
5					
6					
7					
8					
9					
10					
每项检查内容 5 分				总分：	

6. 评价绩效

完成情况（填写完成/未完成）	
根据决策要求评价自己的工作：	
下次此环节怎样可以做得更好？	
你从这个环节中学到了什么？	
工作环节成果展示——软件中投石车建模步骤展示	

【典型工作环节 4　进行装配】

1. 搜集资讯

（1）了解软件中装配的相关命令，了解过盈配合的装配方式。

（2）装配原则有哪些？

2. 制订计划

确定装配原则，制订实物装配顺序。

3. 做出决策

最终决策为以车身为第一装配件，其他部件与其进行装配，在装配过程中应保证配合间隙和运动顺畅性。

4. 付诸实施

根据相关决策要求，同学们自行装配。

5. 进行检查

根据计划和决策要求，确定检查内容、检查工具和方法，填写下表。

检 查 记 录					
任务：			名字： 号码：		
序号	检查内容	检查方法/工具	标准	实际	得分
1					
2					
3					
4					
5					
6					
7					
8					
9					
10					
每项检查内容 5 分				总分：	

6. 评价绩效

完成情况（填写完成/未完成）	
根据决策要求评价自己的工作：	
下次此环节怎样可以做得更好？	
你从这个环节中学到了什么？	
工作环节成果展示——投石车装配过程展示	

【典型工作环节 5 展示成果】

1. 搜集资讯

（1）如何展示投石车设计全过程？

（2）如何展示投石车软件绘图中的难点问题？

（3）如何组织展示内容？

（4）如何进行自我评估？

2. 制订计划

确定展示成果的方式。

3. 做出决策

最终决策为采用演讲的方式进行展示，通过制作渲染图、设计过程视频资料和装配动画进行展示，利用 PPT 多媒体形式进行辅助展示。

4. 付诸实施

根据相关决策要求，制作渲染图、设计过程视频资料、装配动画和展示 PPT。

5. 进行检查

根据计划和决策要求，确定检查内容、检查工具和方法，填写下表。

检 查 记 录					
任务：			名字： 号码：		
序号	检查内容	检查方法/工具	标准	实际	得分
1					
2					
3					
4					
5					
6					
7					
8					
9					
10					
每项检查内容 5 分				总分：	

6. 评价绩效

完成情况（填写完成/未完成）	
根据决策要求评价自己的工作：	
下次此环节怎样可以做得更好？	
你从这个环节中学到了什么？	
工作环节成果展示——投石车设计全过程展示	

7. 总体评价

评价项目	评价依据	优秀	良好	合格	继续努力
任务描述	清楚任务要求				
设计前期准备	任务所需软件、素材等				
任务实施过程及展示效果	设计思路清晰				
	熟练运用直线、矩形、拉伸等命令				
	团队精神和合作意识				
	任务完成及展示效果				
任务反思					
综合评价					

【拓展训练】

投石车形式多样，主要有扭力式和配重式，本案例介绍的是扭力式投石车。配重式投石车射程很远，有记载在耶路撒冷战役中这种投石车把 25kg 的石块射出了近 400m。请同学们查阅相关资料设计一台配重式投石车。

同学们，赶紧尝试一下吧！

发条小车设计

【学习目标】

1. 知识目标

（1）学习发条小车的设计思路。

（2）学会机械常识。

（3）学会拉伸和组合编辑命令的使用方法。

（4）学会公差与配合的相关知识。

（5）学会 3D 打印成型知识。

（6）学会 3D 打印成型设备装调知识。

2. 能力目标

（1）能够将生活中常见的发条小车绘制为三维模型。

（2）熟练掌握 3D One 等软件的基本知识和常用命令的使用方法。

（3）能够掌握发条小车设计的基本过程。

（4）具有在设计定位基础上，用手工绘图表达设计创意的能力。

（5）具有对设计产品的质量进行监控的能力。

（6）具有操作快速成型设备配套软件对模型进行预处理的能力。

【学习性任务描述】

作为儿时玩具的发条小车，承载了同学们很多美好的童年回忆。小明想帮自己的弟弟做一辆发条小车，作为小明的同学，你能帮助他设计一辆类似图 9-1 所示的发条小车吗？

图　9-1

【典型工作环节1　设计分析】

1. 搜集资讯

（1）发条小车的设计思路是什么？

发条小车是比较常见的玩具，市场上有各式各样的发条小车。同学们可以查阅相关资料，根据原理图绘制发条小车核心的发条和棘轮机构，设计发条小车的传动方式，需要保证发条的韧性，选用韧性较好的打印材料，保证发条小车有足够的动力，还要清楚零件之间的配合关系，掌握三维设计软件的设计思路，借助设计软件，将发条小车绘制成三维图形，利用3D打印机将三维图形变成物理模型。

（2）设计发条小车需要具备什么样的能力？

主要从学生应具备的能力和掌握的知识来阐述。

（3）设计发条小车应当遵循的原则是什么？

主要从功能性、运动性等方面来阐述。

2. 制订计划

思考一下：你设计发条小车的思路和呈现方式是什么？

设计思路（主要为发条小车形状和配合方式设计）	呈现方式（主要为颜色、材料的选择）

3. 做出决策

最终决策为采用红色、白色和黄色PLA（聚乳酸）材料作为3D打印材料，以市场上的发条玩具为原型进行创新设计，要求连接部分配合合理，运动顺畅，大小合适。

4. 付诸实施

根据相关决策要求，各位同学手绘出草图，确定发条小车的大致形状、尺寸以及装配方式。

5. 进行检查

根据计划和决策要求，确定检查内容、检查工具和方法，填写下表。

检 查 记 录					
任务:			名字: 号码:		
序号	检查内容	检查方法/工具	标准	实际	得分
1					
2					
3					
4					
5					
6					
7					
8					
9					
10					
每项检查内容 5 分				总分:	

6. 评价绩效

完成情况（填写完成/未完成）	
根据决策要求评价自己的工作：	
下次此环节怎样可以做得更好？	
你从这个环节中学到了什么？	
工作环节成果展示——发条小车设计思路和草绘图样展示	

【典型工作环节 2　设计前准备】

1. 搜集资讯

（1）什么是设计思维？

（2）产品设计思路主要有哪些？

（3）SolidWorks 软件的主要功能有哪些？

2. 制订计划

根据发条小车设计方案确定 3D 打印的成型方式、打印机的基本参数、3D 设计所需要的软件以及参数。

3. 做出决策

确定采用市面上常见的 FDM 式 3D 打印机，打印机成型体积为 255mm × 205mm × 205mm。选择设计软件为 3D One Plus 2.2，并学会安装此软件。

4. 付诸实施

准备计算机一台（安装 3D One Plus 2.2 高教版软件）、FDM 式 3D 打印机一台、3D 打印 PLA 白色和黄色耗材若干。

5. 进行检查

根据计划和决策要求，确定检查内容、检查工具或方法，填写下表。

检查记录					
任务：			名字： 号码：		
序号	检查内容	检查方法/工具	标准	实际	得分
1					
2					
3					
4					
5					
6					
7					
8					
9					
10					
每项检查内容 5 分				总分：	

6. 评价绩效

完成情况（填写完成/未完成）	
根据决策要求评价自己的工作：	
下次工作怎样可以做得更好？	
你从这个环节中学到了什么？	
工作环节成果展示——产品设计思路讲解展示	

【典型工作环节3　实施设计】

1. 搜集资讯

（1）一个完整的工程设计流程有哪几个步骤？

（2）3D One Plus 2.2 软件特殊功能中的浮雕命令如何使用？

（3）3D One Plus 2.2 软件特殊功能中的镶嵌曲线命令如何使用？

2. 制订计划

制订将手绘图样通过三维软件绘制出来，并利用 3D 打印机进行物理打印的计划，主要思路为选择软件中的绘图命令，根据手绘图样绘制出三维图形，导出 STL 文件，进行切片处理后导入 3D 打印机进行打印。

3. 做出决策

最终决策为首先将手绘草图中各特征结构进行划分，确定绘图命令，然后按照草绘图样进行三维图形绘制，导出 STL 文件，最后进行 3D 打印。

4. 付诸实施

根据相关决策进行三维图形绘制，主要绘图过程如图9-2所示。

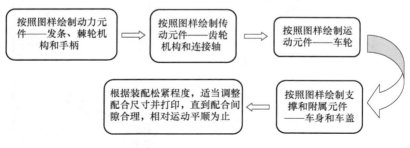

图 9-2

发条小车的设计图样如图9-3～图9-19所示。

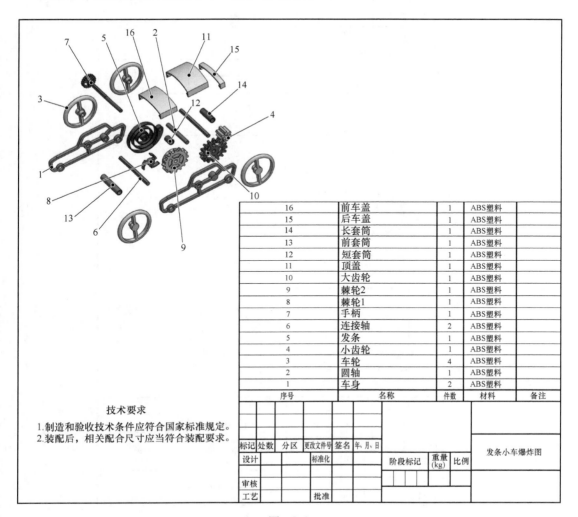

16	前车盖	1	ABS塑料	
15	后车盖	1	ABS塑料	
14	长套筒	1	ABS塑料	
13	前套筒	1	ABS塑料	
12	短套筒	1	ABS塑料	
11	顶盖	1	ABS塑料	
10	大齿轮	1	ABS塑料	
9	棘轮2	1	ABS塑料	
8	棘轮1	1	ABS塑料	
7	手柄	1	ABS塑料	
6	连接轴	2	ABS塑料	
5	发条	1	ABS塑料	
4	小齿轮	1	ABS塑料	
3	车轮	4	ABS塑料	
2	圆轴	1	ABS塑料	
1	车身	2	ABS塑料	
序号	名称	件数	材料	备注

技术要求

1. 制造和验收技术条件应符合国家标准规定。
2. 装配后，相关配合尺寸应当符合装配要求。

标记	处数	分区	更改文件号	签名	年、月、日			
设计			标准化					发条小车爆炸图
						阶段标记	重量(kg) 比例	
审核								
工艺			批准					

图 9-3

3D打印创新设计实例项目教程

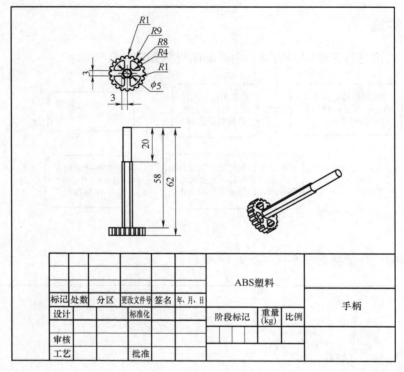

图 9-4

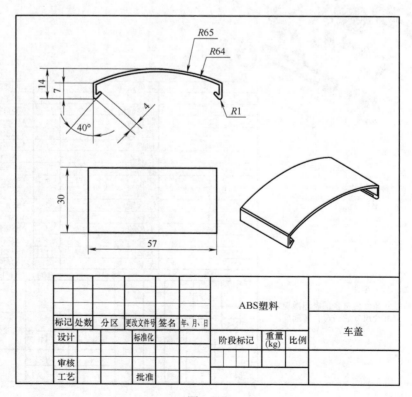

图 9-5

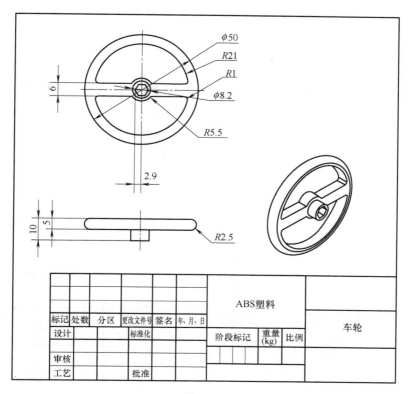

标记	处数	分区	更改文件号	签名	年、月、日	ABS塑料			车轮
设计			标准化			阶段标记	重量(kg)	比例	
审核									
工艺			批准						

图 9-6

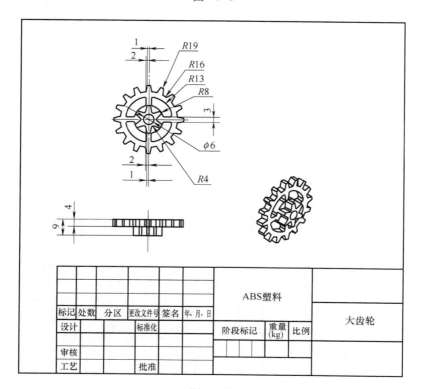

标记	处数	分区	更改文件号	签名	年、月、日	ABS塑料			大齿轮
设计			标准化			阶段标记	重量(kg)	比例	
审核									
工艺			批准						

图 9-7

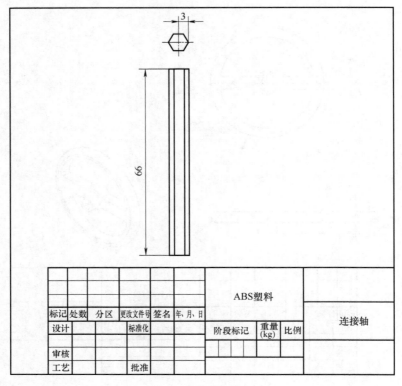

标记	处数	分区	更改文件号	签名	年，月，日	ABS塑料			连接轴
设计			标准化			阶段标记	重量 (kg)	比例	
审核									
工艺			批准						

图　9-8

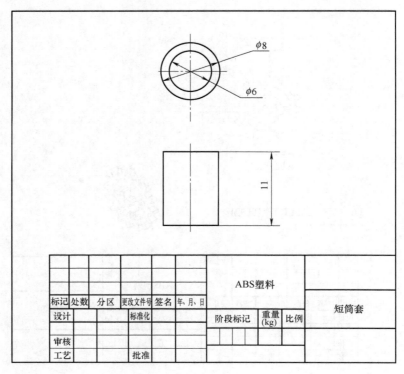

标记	处数	分区	更改文件号	签名	年，月，日	ABS塑料			短筒套
设计			标准化			阶段标记	重量 (kg)	比例	
审核									
工艺			批准						

图　9-9

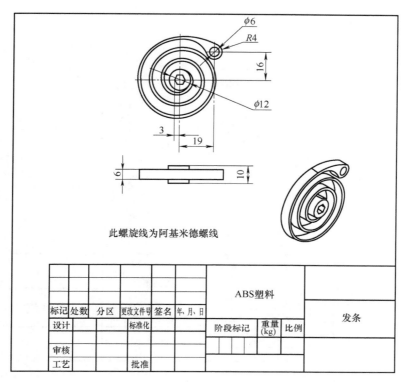

此螺旋线为阿基米德螺线

标记	处数	分区	更改文件号	签名	年、月、日	ABS塑料			发条
设计			标准化			阶段标记	重量(kg)	比例	
审核									
工艺			批准						

图 9-10

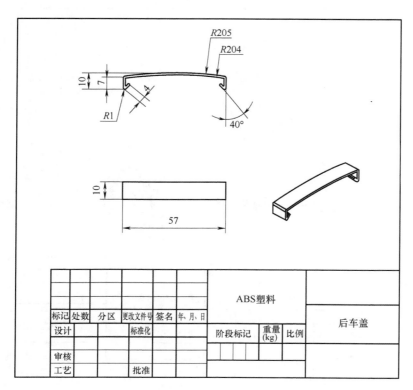

标记	处数	分区	更改文件号	签名	年、月、日	ABS塑料			后车盖
设计			标准化			阶段标记	重量(kg)	比例	
审核									
工艺			批准						

图 9-11

137

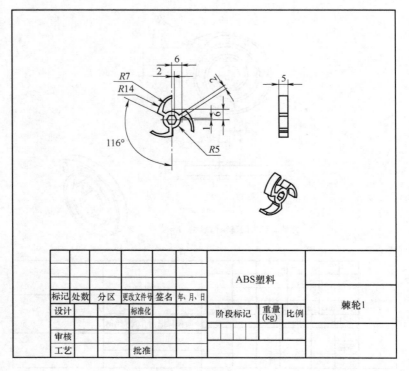

标记	处数	分区	更改文件号	签名	年、月、日	ABS塑料			棘轮1
设计			标准化			阶段标记	重量(kg)	比例	
审核									
工艺			批准						

图　9-12

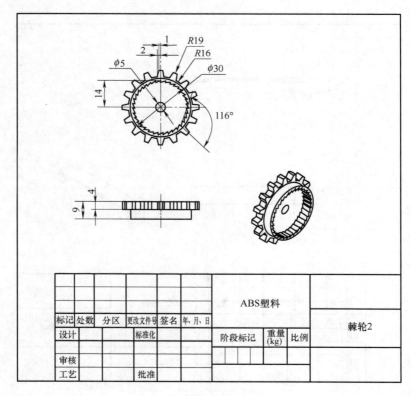

标记	处数	分区	更改文件号	签名	年、月、日	ABS塑料			棘轮2
设计			标准化			阶段标记	重量(kg)	比例	
审核									
工艺			批准						

图　9-13

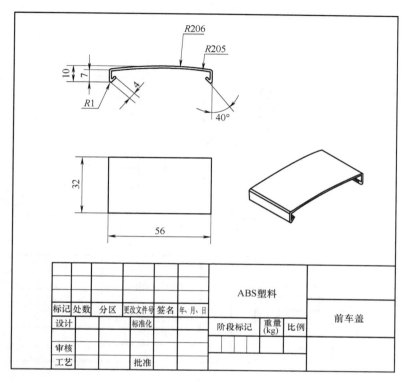

图　9-14

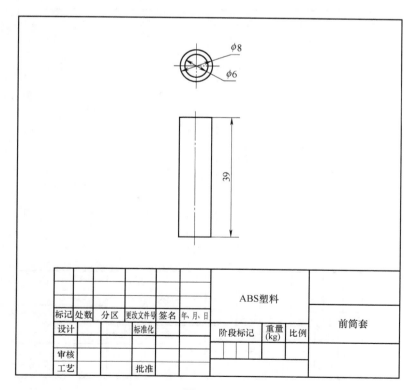

图　9-15

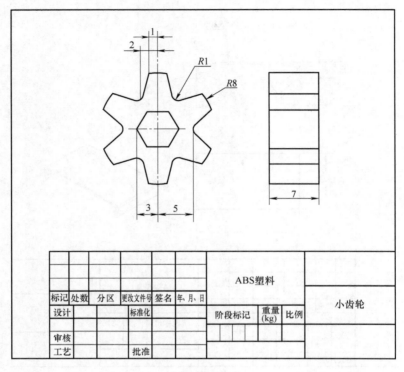

图 9-16

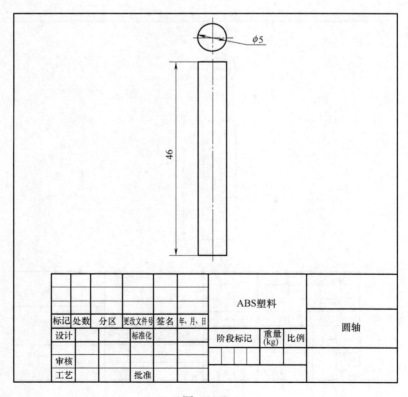

图 9-17

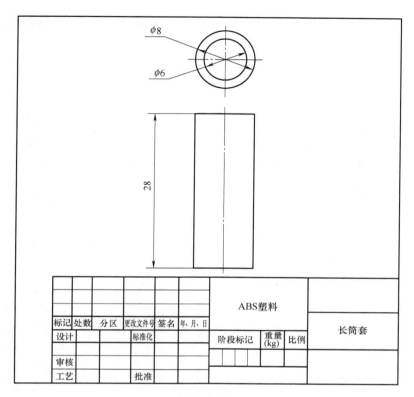

图　9-18

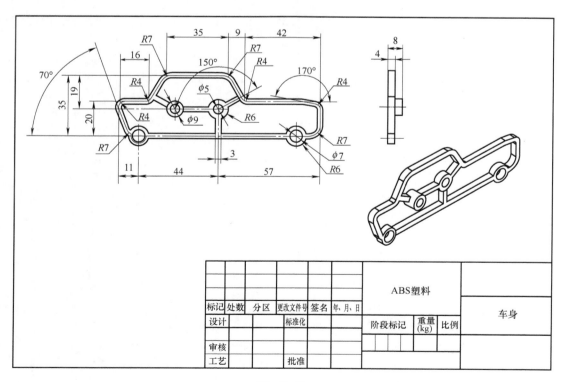

图　9-19

Step 1. 分别绘制动力元件——发条、棘轮机构和手柄的三维图形，如图9-20～图9-23所示。

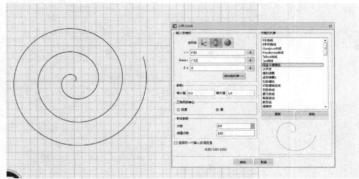

图 9-20

图 9-21

图 9-22

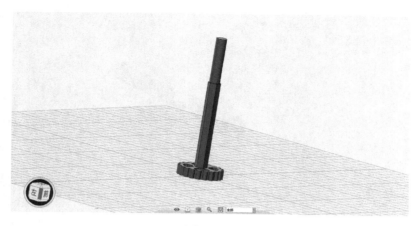

图   9-23

Step 2. 分别绘制传动元件——齿轮机构和连接轴的三维图形，如图 9-24 ~ 图 9-27 所示。

图   9-24

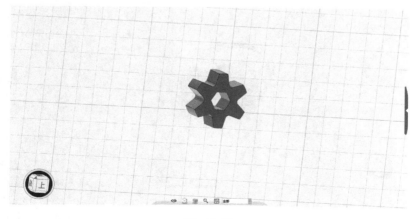

图   9-25

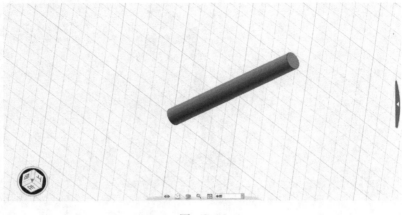

图　9-26

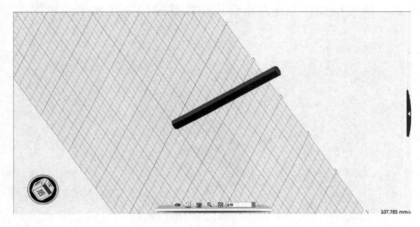

图　9-27

Step 3. 绘制车轮的三维图形，如图 9-28 所示。

图　9-28

Step 4. 分别绘制支撑和附属元件——车身和车盖的三维图形，如图 9-29 ~ 图 9- 32 所示。

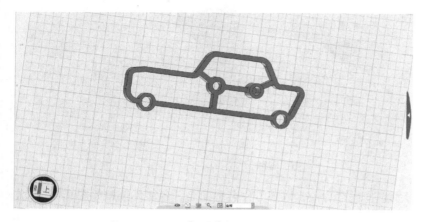

发条小车车身
绘制演示

图 9-29

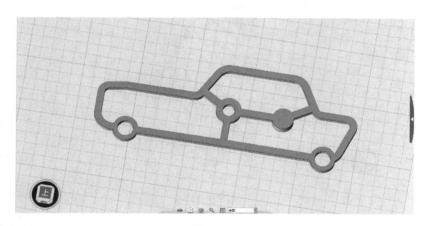

图 9-30

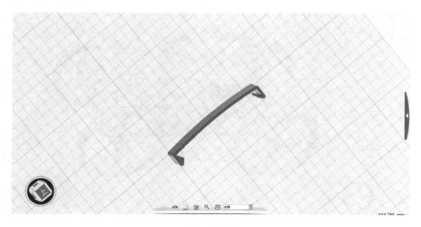

图 9-31

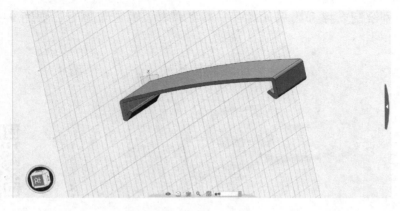

图　9-32

Step 5. 保存模型。分别选择保存命令，以各零件名称命名，各零件摆放如图9-33所示。

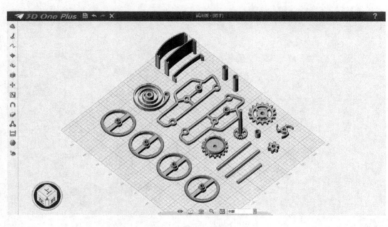

图　9-33

Step 6. 打开3D One Plus 2. 2软件，进入新建装配模式，导入各个零件的文件，利用对齐、同心等命令，将各个零件装配在一起，并进行装配干涉检查，如图9-34所示。

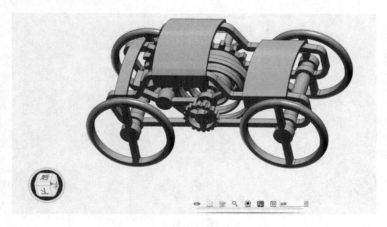

图　9-34

Step 7. 导出模型，选择 3D One Plus→导出命令，导出为 STL 格式，命名为相应零件名称。

Step 8. 将 STL 格式的各个相应零部件的文件导入到 3D 打印机专用软件中，进行参数设置、切片处理，利用 3D 打印机将发条小车打印成物理实体并装配，如图 9-35 所示。

图　9-35

5. 进行检查

根据计划和决策要求，确定检查内容、检查工具和方法，填写下表。

检 查 记 录					
任务：			名字： 号码：		
序号	检查内容	检查方法/工具	标准	实际	得分
1					
2					
3					
4					
5					
6					
7					
8					
9					
10					
每项检查内容 5 分				总分：	

6. 评价绩效

完成情况（填写完成/未完成）	
根据决策要求评价自己的工作：	
下次此环节怎样可以做得更好？	
你从这个环节中学到了什么？	
工作环节成果展示——软件中发条小车建模步骤展示	

【典型工作环节4 进行装配】

1. 搜集资讯

（1）3D One Plus 装配模块中同心命令的用法。

（2）3D 打印装配件安装顺序的选择原则。

2. 制订计划

制订软件中装配的顺序和实物装配顺序。

3. 做出决策

最终决策为以车身为第一装配件，其他部件与其进行装配，在装配过程中应保证配合间隙和运动顺畅性。

4. 付诸实施

根据相关决策要求，同学们自行装配。

5. 进行检查

根据计划和决策要求,确定检查内容、检查工具和方法,填写下表。

检 查 记 录					
任务:			名字: 号码:		
序号	检查内容	检查方法/工具	标准	实际	得分
1					
2					
3					
4					
5					
6					
7					
8					
9					
10					
每项检查内容 5 分				总分:	

6. 评价绩效

完成情况(填写完成/未完成)	
根据决策要求评价自己的工作:	
下次此环节怎样可以做得更好?	
你从这个环节中学到了什么?	
工作环节成果展示——发条小车装配过程展示	

【典型工作环节 5 展示成果】

1. 搜集资讯

（1）如何展示发条小车设计全过程？

（2）如何展示发条小车软件绘图中的难点问题？

（3）如何组织展示内容？

（4）如何进行自我评估？

2. 制订计划

确定展示成果的方式。

3. 做出决策

最终决策为采用演讲的方式进行展示，通过制作渲染图、设计过程视频资料和装配动画进行展示，利用 PPT 多媒体形式进行辅助展示。

4. 付诸实施

根据相关决策要求，制作渲染图、设计过程视频资料、装配动画和展示 PPT。

5. 进行检查

根据计划和决策要求，确定检查内容、检查工具和方法，填写下表。

检 查 记 录					
任务：			名字： 号码：		
序号	检查内容	检查方法/工具	标准	实际	得分
1					
2					
3					
4					
5					
6					
7					
8					
9					
10					
每项检查内容 5 分				总分：	

6. 评价绩效

完成情况（填写完成/未完成）	
根据决策要求评价自己的工作：	
下次此环节怎样可以做得更好？	
你从这个环节中学到了什么？	
工作环节成果展示——发条小车设计全过程展示	

7. 总体评价

评价项目	评价依据	优秀	良好	合格	继续努力
任务描述	清楚任务要求				
设计前期准备	任务所需软件、素材等				
任务实施过程及展示效果	设计思路清晰				
	熟练运用直线、矩形、拉伸等命令				
	团队精神和合作意识				
	任务完成及展示效果				
任务反思					
综合评价					

【拓展训练】

经过不断尝试，同学们完成了发条小车的制作，发条小车能够动起来了。如果想要让发条小车跑得更快、更远，还需要在现有基础上进行改进。请同学们想想，有哪些改进方法？

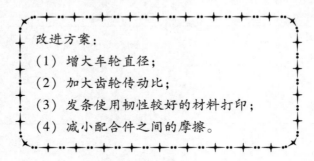

> 改进方案：
> （1）增大车轮直径；
> （2）加大齿轮传动比；
> （3）发条使用韧性较好的材料打印；
> （4）减小配合件之间的摩擦。

同学们，赶紧尝试一下吧！

拼插飞机设计

【学习目标】

1. 知识目标

（1）学习拼插飞机的设计思路。

（2）学会直线、矩形、圆和圆弧等草图命令的使用方法。

（3）学会拉伸、组合编辑、装配相关命令的使用方法。

（4）学习常见飞机的结构。

（5）学会公差与配合相关知识。

（6）学会 3D 打印成型知识。

（7）学会 3D 打印成型设备装调知识。

2. 能力目标

（1）能够将拼插飞机绘制为三维模型。

（2）能够熟练操作草图、拉伸和组合编辑命令。

（3）能够掌握拼插飞机设计的基本过程。

（4）具有在设计方案基础上，用手工绘图表达设计创意的能力。

（5）具有对设计产品的质量进行监控的能力。

（6）具有操作快速成型设备配套软件对模型进行预处理的能力。

【学习性任务描述】

拼插类玩具能够开发智力，提高动手能力，是我们儿时常见的益智类玩具。请根据拼插结构的原理，自主设计和打印一个类似图 10-1 所示的拼插小飞机模型。

图　10-1

【典型工作环节 1　设计分析】

1. 搜集资讯

（1）拼插飞机的设计思路是什么？

拼插飞机在玩具市场上有很多类型，我们可以根据市场上拼插飞机的拼接原理，设计各个拼接部位和飞机整体外形。在设计中需要控制好拼插飞机的规格，对飞机有一定认知和简化能力，能够掌握拼插结构的原理，合理设计拼插结构的拼接位置，保证拼插飞机各零件拼接配合时有足够的夹紧力。同时，也要掌握三维设计软件的设计思路，借助设计软件，将拼插飞机绘制成三维图形，再利用 3D 打印机将三维图形变成物理模型。

（2）设计拼插飞机需要具备什么样的能力？

主要从学生应具备的能力和掌握的知识来阐述。

（3）设计拼插飞机应当遵循的原则是什么？

主要从设计感、艺术性等方面来阐述。

2. 制订计划

思考一下：你设计拼插飞机的思路和呈现方式是什么？

设计思路（主要为拼插飞机形状和配合方式设计）	呈现方式（主要为颜色、材料的选择）

3. 做出决策

最终决策为采用蓝色和绿色 ABS 材料作为 3D 打印材料，根据市场上常见的拼插玩具的拼接方式，采用双层翼飞机为设计原型进行创新设计，要求拼插位置设计合理，松紧适当，大小合适，具有设计感。

4. 付诸实施

根据相关决策要求，各位同学手绘出草图，确定拼插飞机的大致形状、尺寸以及装配方式。

5. 进行检查

根据计划和决策要求，确定检查内容、检查工具和方法，填写下表。

检 查 记 录					
任务：			名字： 号码：		
序号	检查内容	检查方法/工具	标准	实际	得分
1					
2					
3					
4					
5					
6					
7					
8					
9					
10					
每项检查内容 5 分			总分：		

6. 评价绩效

完成情况（填写完成/未完成）	
根据决策要求评价自己的工作：	
下次此环节怎样可以做得更好？	
你从这个环节中学到了什么？	
工作环节成果展示——拼插飞机设计思路和草绘图样展示	

【典型工作环节 2 设计前准备】

1. 搜集资讯

（1）什么是工程思维？

（2）设计过程中如何运用同理心进行创新设计？

（3）Creo 软件的主要功能有哪些？

2. 制订计划

根据拼插飞机设计方案来确定 3D 打印的成型方式、打印机的基本参数、3D 设计所需要的软件以及参数。

3. 做出决策

确定采用市面上常见的 FDM 3D 打印机，打印机成型体积为 255mm×205mm×205mm。选择设计软件为 3D One Plus 2.2，并学会安装此软件。

4. 付诸实施

准备计算机一台（安装 3D One Plus 2.2 高教版软件）、FDM 式 3D 打印机一台、3D 打印 ABS 蓝色和绿色耗材若干。

5. 进行检查

根据计划和决策要求，确定检查内容、检查工具或方法，填写下表。

检 查 记 录					
任务：			名字： 号码：		
序号	检查内容	检查方法/工具	标准	实际	得分
1					
2					
3					
4					
5					
6					
7					
8					
9					
10					
每项检查内容 5 分				总分：	

6. 评价绩效

完成情况（填写完成/未完成）	
根据决策要求评价自己的工作：	
下次工作怎样可以做得更好？	
你从这个环节中学到了什么？	
工作环节成果展示——Creo 软件的主要功能展示	

【典型工作环节 3　实施设计】

1. 搜集资讯

（1）3D One Plus 2.2 软件中基础编辑命令有哪些？

（2）3D One Plus 2.2 软件基础编辑中的移动命令如何使用？

（3）3D One Plus 2.2 软件基础编辑中的阵列命令如何使用？

2. 制订计划

制订将手绘草图图样通过三维软件绘制出来，并利用 3D 打印机进行物理打印的计划，主要思路为选择软件中的绘图命令，根据手绘图样绘制出三维图形，导出 STL 文件，进行切片处理后导入 3D 打印机进行打印。

3. 做出决策

最终决策为首先将手绘草图中各特征结构进行划分，确定绘图命令，然后按照草绘图样进行三维图形绘制，导出 STL 文件，最后进行 3D 打印。

4. 付诸实施

根据相关决策进行三维图形绘制，主要绘图过程如图 10-2 所示。

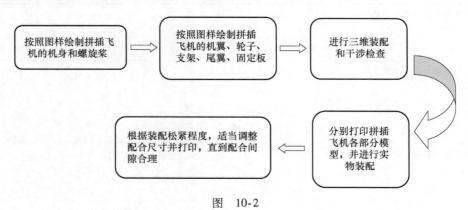

图 10-2

拼插飞机的设计图样如图 10-3 ~ 图 10-12 所示。

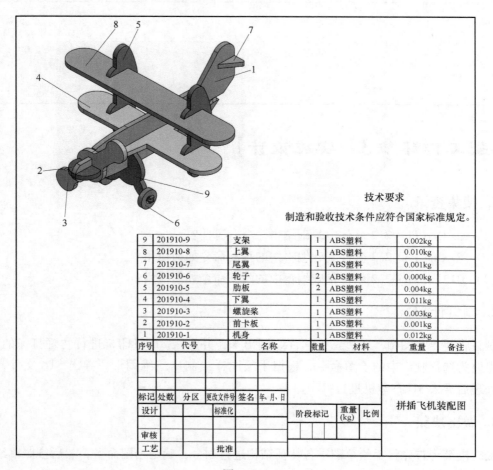

技术要求

制造和验收技术条件应符合国家标准规定。

9	201910-9	支架	1	ABS塑料	0.002kg
8	201910-8	上翼	1	ABS塑料	0.010kg
7	201910-7	尾翼	1	ABS塑料	0.001kg
6	201910-6	轮子	2	ABS塑料	0.000kg
5	201910-5	肋板	2	ABS塑料	0.004kg
4	201910-4	下翼	1	ABS塑料	0.011kg
3	201910-3	螺旋桨	1	ABS塑料	0.003kg
2	201910-2	前卡板	1	ABS塑料	0.001kg
1	201910-1	机身	1	ABS塑料	0.012kg
序号	代号	名称	数量	材料	重量	备注

图 10-3

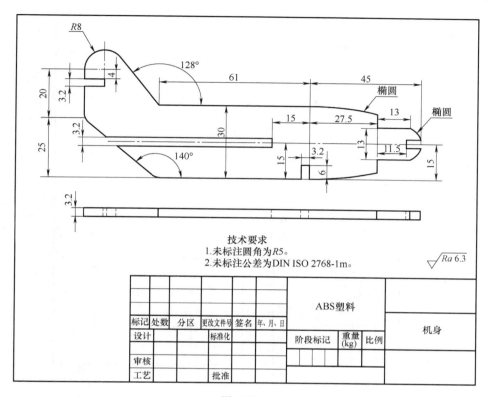

图 10-4

技术要求
1.未标注圆角为R5。
2.未标注公差为DIN ISO 2768-1m。

$\sqrt{}$ Ra 6.3

标记	处数	分区	更改文件号	签名	年、月、日	ABS塑料			机身
设计			标准化			阶段标记	重量(kg)	比例	
审核									
工艺			批准						

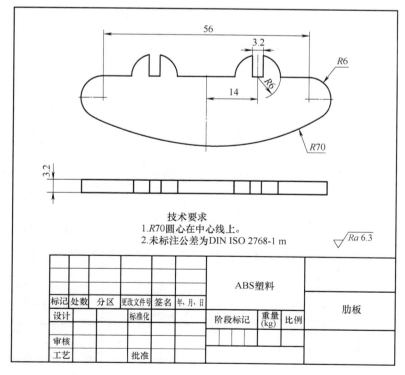

图 10-5

技术要求
1.R70圆心在中心线上。
2.未标注公差为DIN ISO 2768-1 m

$\sqrt{}$ Ra 6.3

标记	处数	分区	更改文件号	签名	年、月、日	ABS塑料			肋板
设计			标准化			阶段标记	重量(kg)	比例	
审核									
工艺			批准						

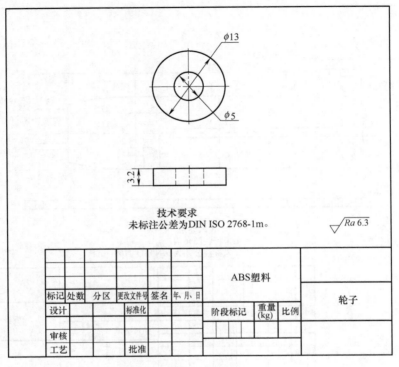

技术要求
未标注公差为DIN ISO 2768-1m。

$\sqrt{Ra\,6.3}$

标记	处数	分区	更改文件号	签名	年、月、日				ABS塑料	
设计			标准化						轮子	
审核						阶段标记	重量(kg)	比例		
工艺			批准							

图 10-6

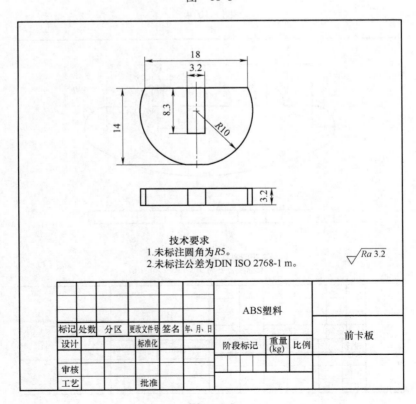

技术要求
1.未标注圆角为R5。
2.未标注公差为DIN ISO 2768-1 m。

$\sqrt{Ra\,3.2}$

标记	处数	分区	更改文件号	签名	年、月、日				ABS塑料	
设计			标准化						前卡板	
审核						阶段标记	重量(kg)	比例		
工艺			批准							

图 10-7

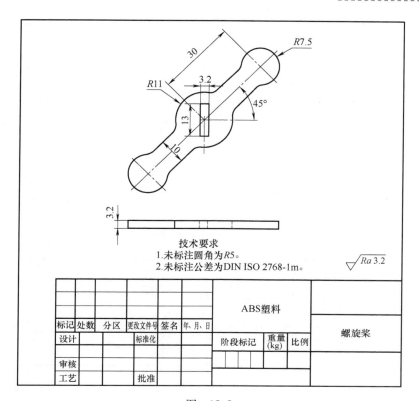

技术要求
1.未标注圆角为R5。
2.未标注公差为DIN ISO 2768-1m。

$\sqrt{Ra\,3.2}$

标记	处数	分区	更改文件号	签名	年、月、日	ABS塑料			螺旋桨
设计			标准化			阶段标记	重量(kg)	比例	
审核									
工艺			批准						

图　10-8

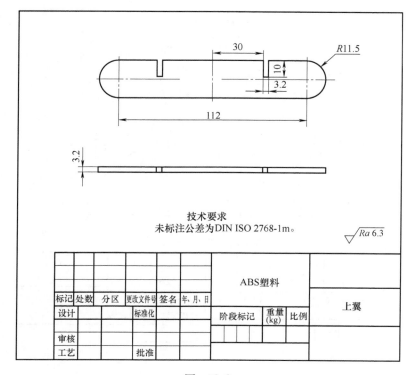

技术要求
未标注公差为DIN ISO 2768-1m。

$\sqrt{Ra\,6.3}$

标记	处数	分区	更改文件号	签名	年、月、日	ABS塑料			上翼
设计			标准化			阶段标记	重量(kg)	比例	
审核									
工艺			批准						

图　10-9

161

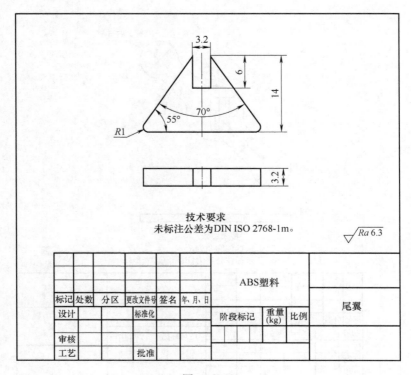

技术要求
未标注公差为DIN ISO 2768-1m。

$\sqrt{Ra\,6.3}$

标记	处数	分区	更改文件号	签名	年、月、日		ABS塑料			
设计			标准化			阶段标记	重量(kg)	比例	尾翼	
审核										
工艺			批准							

图 10-10

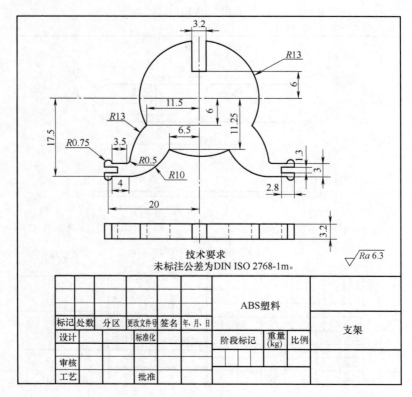

技术要求
未标注公差为DIN ISO 2768-1m。

$\sqrt{Ra\,6.3}$

标记	处数	分区	更改文件号	签名	年、月、日		ABS塑料			
设计			标准化			阶段标记	重量(kg)	比例	支架	
审核										
工艺			批准							

图 10-11

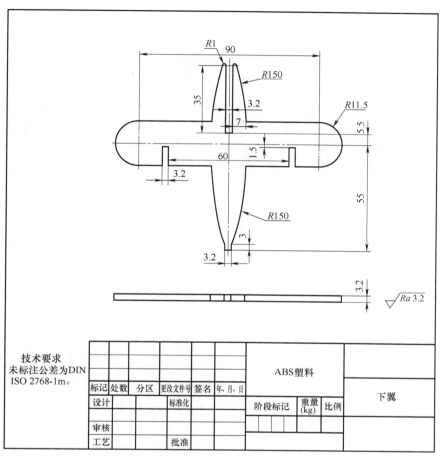

图　10-12

技术要求
未标注公差为DIN
ISO 2768-1m。

标记	处数	分区	更改文件号	签名	年、月、日				
						ABS塑料			
设计			标准化						下翼
						阶段标记	重量(kg)	比例	
审核									
工艺			批准						

√Ra 3.2

Step 1. 绘制机身、螺旋桨、前卡板、尾翼的三维图形，如图 10-13 ~ 图 10-16 所示。

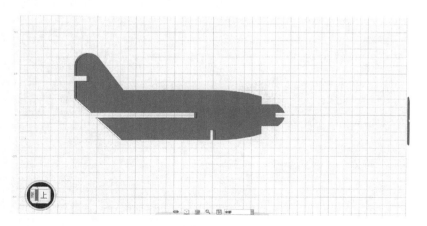

图　10-13

机身绘制演示

163

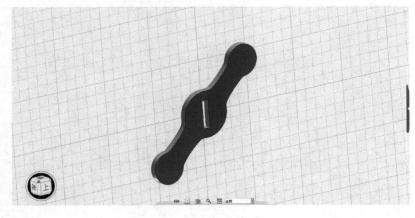

图 10-14

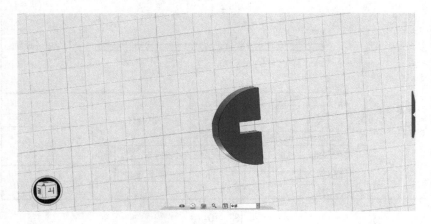

图 10-15

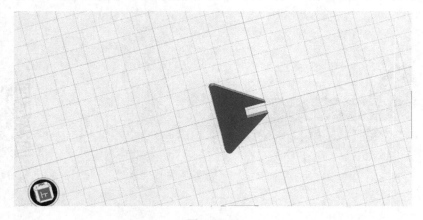

图 10-16

Step 2. 绘制下翼、上翼、支架、轮子和肋板的三维图形，如图 10-17～图 10-21 所示。

图　10-17

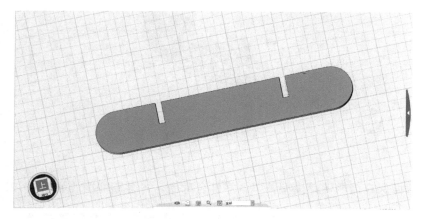

图　10-18

图　10-19

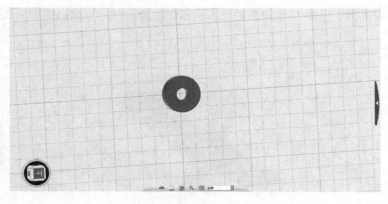

图　10-20

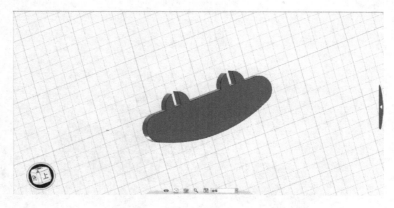

图　10-21

Step 3. 选择保存命令保存模型，以各零件名称命名，各零件摆放如图 10-22 所示。

图　10-22

Step 4. 打开 3D One Plus 2.2 软件，进入新建装配模式，导入各个零件的文件，利用对齐、同心等命令，将各个零件装配在一起，并进行装配干涉检查，如图 10-23 所示。

图　10-23

Step 5. 将 STL 格式的各个相应零部件的文件导入到 3D 打印机专用软件中，进行参数设置、切片处理，利用 3D 打印机将拼插飞机打印成物理实体，如图 10-24 所示。

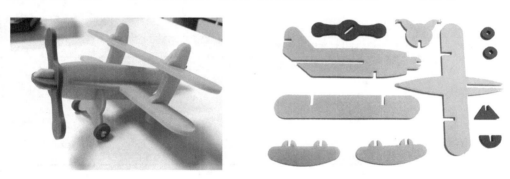

图　10-24

5. 进行检查

根据计划和决策要求，确定检查内容、检查工具和方法，填写下表。

检查记录					
任务：			名字： 号码：		
序号	检查内容	检查方法/工具	标准	实际	得分
1					
2					
3					
4					
5					
6					
7					
8					
9					
10					
每项检查内容 5 分				总分：	

6. 评价绩效

完成情况（填写完成/未完成）	
根据决策要求评价自己的工作：	
下次此环节怎样可以做得更好？	
你从这个环节中学到了什么？	
工作环节成果展示——软件中拼插飞机建模步骤展示	

【典型工作环节4　进行装配】

1. 搜集资讯

（1）搜集软件中装配相关的命令，了解过渡配合的装配方式。

（2）拼插飞机实物装配的基本原则。

2. 制订计划

确定装配原则，制订实物装配顺序。

3. 做出决策

最终决策为以机身为第一装配件，其他部件与其进行装配，在装配过程中应保证配合间隙。

4. 付诸实施

根据相关决策要求，同学们自行装配。

5. 进行检查

根据计划和决策要求，确定检查内容、检查工具和方法，填写下表。

检 查 记 录					
任务：			名字： 号码：		
序号	检查内容	检查方法/工具	标准	实际	得分
1					
2					
3					
4					
5					
6					
7					
8					
9					
10					
每项检查内容 5 分				总分：	

6. 评价绩效

完成情况（填写完成/未完成）	
根据决策要求评价自己的工作：	
下次此环节怎样可以做得更好？	
你从这个环节中学到了什么？	
工作环节成果展示——拼插飞机装配过程展示	

【典型工作环节 5 展示成果】

1. 搜集资讯

（1）如何展示拼插飞机设计全过程？
（2）如何展示拼插飞机软件绘图中的难点问题？
（3）如何组织展示内容？
（4）如何进行自我评估？

2. 制订计划

确定展示成果的方式。

3. 做出决策

最终决策为采用演讲的方式进行展示，通过制作渲染图、设计过程视频资料和装配动画进行展示，利用 PPT 多媒体形式进行辅助展示。

4. 付诸实施

根据相关决策要求，制作渲染图、设计过程视频资料、装配动画和展示 PPT。

5. 进行检查

根据计划和决策要求，确定检查内容、检查工具和方法，填写下表。

检 查 记 录					
任务：			名字： 号码：		
序号	检查内容	检查方法/工具	标准	实际	得分
1					
2					
3					
4					
5					
6					
7					
8					
9					
10					
每项检查内容 5 分				总分：	

6. 评价绩效

完成情况（填写完成/未完成）	
根据决策要求评价自己的工作：	
下次此环节怎样可以做得更好？	
你从这个环节中学到了什么？	
工作环节成果展示——拼插飞机设计全过程展示	

7. 总体评价

评价项目	评价依据	优秀	良好	合格	继续努力
任务描述	清楚任务要求				
设计前期准备	任务所需软件、素材等				
任务实施过程及展示效果	设计思路清晰				
	熟练运用直线、矩形、拉伸等命令				
	团队精神和合作意识				
	任务完成及展示效果				
任务反思					
综合评价					

【拓展训练】

　　各位同学经过拼插飞机设计的实践，已经对拼插类玩具有了一定的了解。现在，你能通过查阅相关资料，自主设计一辆拼插小汽车吗？

同学们，赶紧尝试一下吧！

附　　录

附录A　3D打印造型技能培训和鉴定标准

一、定义

3D打印造型师：利用3D One Plus等造型软件进行数字化模型设计，使用3D打印机进行打印及后期处理，并组装成为产品的人员。

二、适用对象

从事或准备从事3D打印相关工作的技工学校、中等职业学校、高等职业学院、大学本科学生和各类学校（包括中小学）教师以及社会企事业单位工作人员等。

三、相应等级

3D打印造型师分为三个等级，分别为：初级、中级和高级。

初级：专项技能水平达到相当于中华人民共和国职业资格技能等级五级。在3D One Plus等软件平台上，能独立完成简单产品设计、造型及输出打印。

中级：专项技能水平达到相当于中华人民共和国职业资格技能等级四级。在3D One Plus等软件平台上，能独立完成综合产品（装配件）设计、造型及输出打印。

高级：专项技能水平达到相当于中华人民共和国职业资格技能等级三级，可以指导他人在3D One Plus等软件平台上独立完成组合体产品设计、造型及输出打印。

四、培训期限

初级：短期强化培训60～80学时。
中级：短期强化培训80～100学时。
高级：短期强化培训80～100学时。

五、技能标准

（一）3D打印造型师（初级）
1. 知识要求
掌握机械常识；
掌握美术基础知识；
掌握常用制品材料基础知识；
掌握安全操作与劳动保护知识；

熟练掌握 3D One 等软件基本知识和常用命令的使用知识；

熟练掌握产品造型与数字化设计方面的知识。

2. 技能要求

具有收集、分析产品资料的能力；

具有应用 3D One Plus 软件设计三维数字模型的能力；

具有三维空间的草图绘制能力；

具有应用 3D One Plus 软件拉伸、旋转、扫描等基础功能对已知模型造型的能力；

具有应用 3D One Plus 软件对造型数据进行重新编辑或重生成的能力；

具有应用 3D One Plus 软件对具有配合精度要求的组合件曲面模型进行造型的能力；

具有将数字模型的不同格式进行相互转换的能力；

具有操作三维打印设备进行快速成型的能力；

具有对有配合精度要求的组合件曲面模型进行 3D 打印的能力；

具有对模型进行基本的后处理的能力。

（二）3D 打印造型师（中级）

1. 知识要求

掌握工业产品造型知识；

掌握数字化设计基础知识；

掌握产品成型工艺性分析知识；

掌握安全操作与劳动保护知识；

掌握金属与非金属材料知识；

掌握三维建模数字化设计与制造的相关知识。

2. 技能要求

具有根据产品材料判断产品造型要求难度的能力；

具有运用 3D One Plus 软件完成三维装配图和拆分零件图的能力；

具有操作光学三维扫描仪完成整套产品模型的数据采集的能力；

具有应用点云处理软件对整套产品数据进行修补的能力；

具有应用正向与逆向软件设计具有配合精度要求的特殊曲面制件外形及内部结构的三维模型的能力；

具有应用 3D One Plus 软件将组合体拆分成零部件并进行创新设计的能力；

具有操作快速成型设备配套软件对模型进行预处理的能力；

具有应用 3D One Plus 等软件对模型进行基本处理、导出的能力；

具有剥离分层叠加型模型的包覆物质的能力。

（三）3D 打印造型师（高级）

1. 知识要求

掌握减材制造相关知识；

掌握等材制造相关知识；

掌握增材制造相关知识；

熟练掌握公差与配合的相关知识；

熟练掌握 3D 打印成型知识；

熟练掌握 3D 打印成型设备装调知识。

2. 技能要求

具有在设计定位基础上，用手工绘图表达设计创意的能力；

具有扫描多组件的装配产品或作品拆分件的三维数据获取能力；

具有对大型制件的点云数据进行分块处理、精确合并的能力；

具有应用 3D One Plus 等软件制作多组件的装配产品或作品的能力；

具有对设计产品的质量进行监控的能力；

具有根据需求分析产品特征所适合的扫描设备、扫描方式、数据处理方式、造型使用软件及造型思路与方法的能力；

具有根据成型材料特性的不同判断不同模型最适宜的成型方式的能力。

六、鉴定要求

（一）申报条件

1. 初级（具备以下条件之一者）

1）技工学校和中等职业学校的在校学生、应届毕业生或获得高于中专学历的人员；

2）社会劳动者，工作 1 年以上。

2. 中级（具备以下条件之一者）

1）高等职业学院和大学本科在校学生、应届毕业生或获得高于大学本科学历的人员；

2）社会企事业单位从事 3D 打印相关工作，工作 2 年以上者；

3）获得 3D 打印初级造型师证书 1 年以上者。

3. 高级（具备以下条件之一者）

1）各类学校的教师，获得教师资格证书或者学校特聘的实训教师等；

2）社会企事业单位从事 3D 打印相关工作，工作 5 年以上者；

3）获得 3D 打印中级造型师证书 1 年以上者。

（二）考评员构成

考核应由经人力资源和社会保障部职业技能鉴定中心注册的考评员组成考评组主持，每场考试的考评组须由 3 名以上注册考评员组成，每位考评员在一场考试中最多监考、评判 15 名考生。

（三）鉴定方式与鉴定时间

鉴定方式：使用全国统一题库，实操考试在计算机、软件、3D 扫描仪、3D 打印机等设备上进行操作，完成考核鉴定项目。

3D 打印造型师（初级）实操鉴定时间：120 分钟；

3D 打印造型师（中级）实操鉴定时间：180 分钟；

3D 打印造型师（高级）实操鉴定时间：180 分钟。

七、鉴定内容

（一）3D 打印造型师（初级）

1. 基础知识

机械常识；美术基础知识；常用制品材料基础知识；安全操作与劳动保护知识；3D One 等软件基本知识和常用命令的使用知识；产品造型与数字化设计方面的知识。

2. 收集、分析产品资料

读二维工程图的几何形状、尺寸；用三维软件读懂三维模型；识别二维图与三维图的对应特征关系。

3. 草图设计

进入软件草图绘制环境；利用直线、矩形、圆等命令绘制对应图形；对基础图形元素进行数据处理；三维空间的草图图素绘制；对草图模型进行倒角、圆角、删除、偏移等操作；退出草图，对草图图素进行三维编辑。

4. 基础造型设计

独立安装、激活造型设计软件；应用软件拉伸、旋转、扫描等基础功能对已知模型造型；应用软件特征编辑功能对模型进行必要的处理和编辑；独立应用软件根据已知条件绘制杯子等日常生活用品；正确使用软件的辅助设计功能，如社区、渲染等；应用软件对造型数据进行重新编辑或重生成。

5. 曲面造型设计

分析模型的特征及建模要求；运用传统的点- 线- 面- 体的方法，得到造型的数字模型；对不同曲面特征合理划分领域；运用建模软件对具有配合精度要求的组合件曲面模型进行造型；将数字模型的不同格式进行相互转换。

6. 产品设计

用手工绘图表达设计创意；根据工程制图标准和表示方法，应用软件绘制机械零部件二维图；根据公差与配合的选用和标注要求将二维工程图绘制成三维图；对不同格式的二维图与三维图进行格式转换；应用软件对工程图进行导入与导出操作。

7. 3D 打印成型准备

分析建模要求，根据要求正确选用设备；在软件中正确放置和处理模型；在软件中将三维图转换为设备可执行文件；产品结构、支撑、后处理等特征的分析；能对模型存在的缺陷提出有效补救措施；针对不同设备的建模软件的基本操作。

8. 3D 打印成型

通过对模型的判断，选择正确的成型设备；在软件中，对模型进行基本的处理和导出；能够启动打印设备进行模型打印；完成具有配合精度要求的组合件曲面模型的 3D 打印。

9. 3D 打印模型后期处理

能完成不同 3D 打印模型的后处理；对模型进行基本的后处理（打磨、拼接、修补、喷漆等）。

（二）3D打印造型师（中级）

1. 基础知识

工业产品造型知识；数字化设计基础知识；产品成型工艺性分析知识；安全操作与劳动保护知识；金属与非金属材料知识；三维建模数字化设计与制造的相关知识。

2. 样品结构分析

分析设计要求，熟悉常用材料的性能，根据要求正确选用材料；根据产品材料判断产品造型要求的难度；对工艺进行可行性分析。

3. 逆向数据采集

判断结构光三维扫描仪、关节臂扫描仪或手持式激光扫描仪等仪器是否适合产品的数据采集；独立分析产品，选择适用的数据采集方式及仪器；操作光学三维扫描仪完成整套产品模型的数据采集；操作手持式激光扫描仪。

4. 点云处理

将 TXT、STL 格式互相转换；将 STP 格式转换为 STL 格式；对 TXT 或 STL 格式的数据进行手动拼接合并；应用点云处理软件对整套产品数据进行修补；对点云数据中存在的尖状物、小组件、自相交、非流行边进行处理；运用点云处理软件对制件点云数据进行精确曲面重构。

5. 造型设计

判断不同建模软件适合什么类型的制件；分析产品的形状特征并制订造型思路；运用正向与逆向软件设计具有配合精度要求的特殊曲面制件外形及内部结构的三维模型；能将磨损的零部件进行修复并得到三维数字模型；找出现有模型因生产过程造成的偏差并进行修正、改善；能对三维模型进行几何尺寸、精度的标注。

6. 产品创新设计

应用软件完成三维装配图并拆分零件图；进行零部件设计；在设计定位的基础上，用软件制作产品效果图；根据手绘效果图进行三维造型；根据产品外观及功能需求进行结构设计；应用软件将组合体拆分成零部件并进行创新设计；创造性地设计效果好、成本低的产品。

7. 3D打印成型准备

进行格式的转换，以及文件的导入与导出；操作熔融沉积型、分层叠加型、数字光固化型快速成型设备；应用快速成型设备配套软件对模型进行预处理；根据不同模型判断各自适合的快速成型设备；对打印过程中可能遇到的问题提前做出判断和预备处理方案。

8. 3D打印成型

通过对模型的判断，选择正确的成型设备；在软件中，对模型进行基本的处理和导出；能够启动打印设备进行模型打印。

9. 3D打印模型后期处理

剥离分层叠加型模型的包覆物质；清理光固化成型模型的残余物质及支撑，并进行二次固化。

（三）3D 打印造型师（高级）

1. 基本知识

减材制造相关知识；等材制造相关知识；增材制造相关知识；公差与配合相关知识；3D 打印成型知识；3D 打印成型设备装调知识。

2. 数据采集

在保持产品所有零部件相对位置的前提下完成数据采集；将摄像测量系统和结构光学扫描仪配合使用，进行多组件曲面造型数据的采集；多组件的装配产品或作品拆分件的三维数据获取；多组件的装配产品或作品整体的三维数据获取。

3. 采集数据处理及三维检测

运用点云处理软件修复机械制件的点云数据；对大型制件点云数据进行分块处理，精确地合并数据；通过三维检测软件对所采集的数据进行检查、分析；通过三维检测软件对两个不同的数据进行精度比对分析，并生成误差分析报告。

4. 造型设计

根据检测软件分析结果二次修正模型数据；按照工业产品要求，应用造型软件制作多组件的装配产品或作品，如汽车车身；对制作的数据进行自检并修改；根据设计变更对模型数据进行修改；对设计产品的质量进行监控。

5. 项目分析

通过准确有效的沟通充分明确项目需求；根据需求分析产品特征所适合的扫描设备、扫描方式、数据处理方式、造型软件及造型思路与方法；根据需求分析产品设计的步骤和关键要素；保证质量的前提下，能够合理安排时间以最有效的方式满足产品需求。

6. 产品创新设计

在设计定位基础上，用手工绘图表达设计创意；在产品逆向造型的基础上进行二次开发创新设计；对后期的数据模型创建、模型改良提供指导；在满足设计需求的基础上能够提出优化设计和创新设计方案。

7. 3D 打印成型准备

根据产品特点，进行合理的模型拆分，使之更有利于后续的快速成型操作；操作熔融沉积、分层叠加、数字光固化、粉末粘结、激光烧结等不同类型的快速成型设备中的两种以上设备；操作不同快速成型设备的输出软件；根据成型材料特性的不同判断不同模型最适宜的成型方式。

8. 3D 打印成型

通过对模型的判断，选择正确的成型设备；在软件中，对模型进行基本的处理和导出；能够启动打印设备进行模型打印；能够不断调整技术方案，根据实际需求，打印出多组件的装配产品或作品拆装、拆分件的三维模型。

9. 3D 打印模型后期处理

处理不同设备打印模型的残余物质、支撑等，并根据需求进行抛光、钻孔、切割、上色等操作；对完成的设计方案进行总结，并对存在的缺陷进行修复；对实施方案进行跟踪总结，完善设计及快速成型工艺。

附录 B 全国计算机信息高新技术考试
3D 打印造型师（初级）考试试题

注 意 事 项

1. 考生在考试过程中应该遵守相关的规章制度和安全守则，如有违反，则按照相关规定在考试的总成绩中扣除相应分值。

2. 考试时间为连续 120 分钟，考试结束时，所有考生必须停止一切操作。

3. 请在考试过程中注意计算机电子绘图文件的保存，由于考生操作不当而造成计算机"死机"、"重新启动"、"关闭"等一切问题，责任自负。

4. 若出现恶意破坏考场用具或影响他人考试的情况，取消考试资格。

5. 请考生仔细阅读考题内容和要求，考试过程中如有异议，可向现场工作人员反映，不得扰乱考场秩序。

6. 遵守考场纪律，尊重考评人员，服从安排。

7. 所有电子文件保存在一个文件夹中，命名为"3D 打印（初级）造型师 + 考生工作（学习）单位 + 准考证号"，文件夹复制到考场提供的 U 盘中，装入信封封好，考生与考场老师共同签字确认。

8. 考试时间为 120 分钟。

	任务一	任务二	任务三	任务四	任务五	总　分
得　　分						

初评考评员签名：_____

复评考评员签名：_____

评 分 日 期：_____年_____月_____日

一、任务名称与时间

1. 任务名称：四旋翼飞行器骨架配合件建模、创新设计与 3D 打印。

2. 考试总时间：120 分钟。

二、已知条件

1. 考场统一提供 3D 打印机及附属工具。

2. 考场统一提供计算机，并安装有 3D One Plus 建模软件。

3. 提供四旋翼飞行器骨架配合件的图样（机身和防护罩），及其装配渲染图，见：**桌面/素材/图 1、图 2、图 3**。

三、任务要求、评分要点和提交物

任务一、集分析产品资料（10分）

分析图1、图2、图3制件结构、形状尺寸、配合公差以及产品用途，为产品三维造型做准备。

指　标	类　型	分　值	评　分
机身	形状、尺寸、配合	6	
保护架	形状、尺寸、配合	4	
合　计		10分	

任务二、手绘草图（10分）

考生按照已知条件，用2B铅笔在给定的图纸上完成保护罩和机身的手绘，轴测图无须绘制。手绘草图2张，在右下角写明"手绘草图＋准考证号"。

指　标	类　型	分　值	指　标	类　型	分　值
保护罩指标	线型	2	机身指标	线型	2
	尺寸标注	3		尺寸标注	3
合　计			10分		

任务三、产品造型设计（50分）

考生使用3D One Plus，根据给定的原产品图样，并结合手绘创意部分，完成新的四旋翼骨架配合件的基础造型设计、曲面造型设计和产品设计，建立三维数字模型（需要装配），保存文件。

提交 **STL 格式文件**（四旋翼飞行器的机身和保护罩），文件命名为"准考证号- ji shen"和"准考证号- baohuzhao"，提交位置：给定 U 盘，计算机 D 盘根目录下备份一份，其他地方不准存放。

指　标	类　型	分　值	指　标	类　型	分　值
保护罩指标	整体设计	15	机身指标	整体设计	10
	细节特征	8		细节特征	6
	造型偏差	7		造型偏差	4
合　计			50分		

注意：造型设计包括基础造型设计（10分）、曲面造型设计（20分）和产品设计（20分）。

任务四、3D打印成型加工（25分）

1. 3D打印成型准备包括：对3D打印机进行打印前的调试，利用3D打印机自带的分层软件对即将打印的新产品模型做切片处理。

2. 利用赛场提供的3D打印机完成四旋翼飞行器机身和骨架两个制作的3D打印。

指 标 类 型	分　值	评　分
保护罩产品外观质量	5	
机身产品外观质量	10	
打印工艺	5	
支撑架设定	5	
合　计	25 分	

任务五、3D 打印模型后期处理（5 分）

对打印后的样品进行基本的后处理：打磨、拼接、修补等。

指 标 类 型	分　值	评　分
保护罩产品后处理	1	
机身产品后处理	2	
配合部位处理	2	
合　计	5 分	

提交 3D 打印样件装在文件袋中，在文件袋右下角写明"样件名称 + 准考证号"。

参 考 文 献

[1] 刁彬斌，蒋礼，王璇，等. 小创客轻松玩转 3D 打印 [M]. 北京：化学工业出版社，2017.

[2] 高勇，孙洪波，孙婉，等. 3D 创意魔法书 [M]. 北京：机械工业出版社，2016.

[3] 陈继民. 3D One 三维实体设计 [M]. 北京：中国科学技术出版社，2016.

[4] 黄文恺，伍冯洁，吴羽. 3D 建模与 3D 打印快速入门 [M]. 北京：中国科学技术出版社，2016.